はじめに　～チョコレートと私～

この本を手に取ってくださったみなさん、こんにちは。

チョコはお好きですか？

この本を目をとめてくださったのですから、きっとチョコレートが大好きな方で

、世界中で愛されているチョコレートのことを、教養として話せる

きたい、という方もいるでしょう。

ャーナリストという職業

ている私は、チョコレートを主なテーマに掲げて活動するジャーナ

ーレートジャーナリスト®の市川歩美です。普段はテレビ、ラジオ、

雑誌など、あらゆるメディアやイベントでチョコレートの情報をお

。チョコレート専門家として、ＴＢＳテレビの『マツコの知らない

世界』やフジテレビの『ホンマでっか!?TV』などに出演し、経済メディアにもコメント、執筆をしてきました。

チョコを作ったり売ったりするのではなく「チョコを伝える」のが仕事です。私自身、同じ仕事をしている人に会ったことがないので、かなりもの好き（チョコ好き?）で、レアな仕事だと思っています。

こんな私が、チョコレートに出会ったのは五歳のときです。生まれて初めて口にしたとき、大きな衝撃を受けました。「こんなに美味しいものが世の中にあるのか」と、驚きと喜びに心が躍《おど》ったあのときの気持ちを、今でもよく覚えています。

それからずっと変わらず、私はチョコレートが大好き。チョコレートは私のパートナーみたいになりました。時間とともに、向き合い方も食べる量も変わりましたが、チョコレートと私は健全な距離感で付き合いつづけられています。

意外と知らないチョコレートの教養

この本には、私がこの仕事をしてきた約一五年の間に、たびたび受けてきた質問

知的生きかた文庫

味わい深くてためになる
教養としてのチョコレート

市川歩美

三笠書房

を集め、答えをわかりやすくまとめました。「歩美さん、素朴な疑問ですが……」と、雑誌やウェブメディアの編集者さん、番組のディレクターさん、知人やフォロワーさん、ファンの方たちから、尋ねられてきたことばかり。

「チョコを知らない人」はほとんどいないと思いますが、「チョコのことをよく知らない人」はたくさんいます。身近すぎる人のことほど意外と知らないってこと、ありませんか？　チョコは、まさにそういう対象なのかもしれません。

当たり前ですが、人と違ってチョコはしゃべらないので、私がチョコに代わってあらゆる質問にお答えします。チョコレートの本当の姿や素敵な一面を、みなさんに伝える気持ちで書きます。

チョコレートは美味しい。それだけで十分すぎる魅力がありますが、知識を得ることで、より深くチョコを味わえるでしょう。

まずはチョコをかじりながら、気軽にお読みいただければうれしいです。

市川歩美

もくじ

2章

じつは、チョコレートは健康にいい⁉

3章 チョコレートの歴史はおもしろい!

4章

知れば知るほど楽しいカカオの謎

コラム 私の推しチョコ 《フランスのボンボンショコラ編》 212

5章

チョコレートをもっと美味しく味わおう

本文DTP／株式会社SunFuerza
本文イラスト／omiso

※本書に掲載している商品や店舗の情報は、二〇二四年十二月現在のものです。
※本書に掲載している商品の写真は、各社から提供を受けて許諾を得たものです。

1章

これだけは知っておきたいチョコレートの基本

チョコレートは何からできている？

チョコレートは、大人から子どもまで、世界中で愛されています。コンビニやスーパーでいつでも出会えるので、わざわざ「そもそもチョコレートとは何か」とじっくり考える機会は、あまりないかもしれません。

しかし、チョコレートは世界中の人との共通の話題となりうるテーマです。せっかくですから、これを機にチョコレートの基本を知っておきましょう。

カカオあってのチョコレート

チョコレートとは、**「カカオ豆」をすりつぶし、砂糖やミルクを加えて作られた**

食べ物、または飲み物のことです。

カカオは、熱帯地方の国で育つトロピカルフルーツ。ラグビーボールのような形をしたカラフルなカカオの実を、チョコレートやお菓子のパッケージで見たことがあるかと思います。あの赤色や黄色の実に、カカオの種がぎっしり詰まっているのです。このカカオの種が「カカオ豆」と呼ばれるものです。

つまり、チョコレートになるのは、**カカオというフルーツの実の中に詰まった種だけ**です。

ちなみに、チョコレートになるまでの主な工程を簡単に説明しておくと、実から取り出したカカオの種を、まずは**発酵**させて**乾燥**させます。次に、カカオ原産地から麻袋《あさぶくろ》で輸出されたカカオ豆を、チョコレート工場で**焙炒《ばいしょう》（ロースト）**し、ペースト状に**すりつぶし**ます。そして、**砂糖やミルク（粉乳）を混ぜて**形を整え、冷やして固めるとチョコレートの完成です！

詳しいプロセスについては、22ページでお伝えしますね。

もちろん、カカオだけじゃない！

チョコレートには、砂糖や乳製品が入っていますが、これには大きな理由があります。それは、**カカオだけだと、びっくりするほど苦い**からです。

チョコレートになるととびきり美味しいカカオ豆ですが、砂糖をまったく加えていないカカオ一〇〇％のチョコレートは、正直「罰ゲームですか」と顔をしかめる人がいそうなレベル……。苦味や酸味が際立ち、正直、味を好んで食べる人はあまりいなさそうです（もちろん、この味が好きな方もいらっしゃいます）。

だからこそ、甘い砂糖やクリーミーなミルクを加えるのです。さらにナッツやキャラメル、フルーツを加えても、魅力的な味に生まれ変わります。

チョコレートに加える材料は、多種多様です。どんなカカオやチョコレートを選び、どんな材料をどんなバランスで組み合わせるか。これがチョコレートメーカーやショコラティエ（チョコレート職人）の腕の見せどころです。

「チョコレート」という名前の由来は？

チョコレート。あらためて考えてみると、かわいい名前です。

ここでは、語源についてお話しします。

「チョコレート」という言葉は、じつは**スペイン語の「チョコラテ」に由来します。**

スペイン語の「チョコラテ（chocolate）」が、英語の「チョコレート（chocolate）」になり、その名が日本で普及したのです。

ナワトル語で「苦い水」説

それでは、なぜスペイン語で「チョコラテ」という名になったのでしょうか？

理由を探ると、話は古代メキシコまで遡《さかのぼ》ります。昔、メキシコにはアステカという大きな帝国がありました。そして、この国の公用語はナワトル語でした。

このナワトル語で、チョコレートは「ショコアトル」と呼ばれていたのです。これは「苦い水」という意味を持っています。

なぜ水なの？　と思われたかもしれませんが、じつは**この頃のチョコレートは今のような固形ではなく、飲み物でした。**カカオをすりつぶして水を加えただけのものので、まったく甘さがなかったため「苦い水」と呼ばれていたわけです。

ナワトル語の「ショコアトル」がショコラテ、チョコラテ……と変化していき、いつしかスペイン語として定着した、というのが一説になります。

チョコレートドリンクを「泡立てるときの音」説

「チョコラテ」という言葉の由来には、ほかにもいくつかの説があります。なかでも、私の好きな説があります。

それは「ちょこちょこちょこ」という音が、スペイン語の「チョコラテ」の由来になったという説です。これはチョコレートドリンクを泡立てるときの音で、私はメキシコで何度も聞いています。

メキシコでは、今でも日常的にチョコレートドリンクが飲まれていますが、器に注ぐ前によくかき混ぜ、泡立てることが大切なプロセスです。チョコレートドリンクをたっぷり作って陶器のポットに入れたあと、**「モリニージョ」と呼ばれる長い木製の棒でよくかき回します。**実際に行なってみると「ちょこちょこちょこ」と、かき回すたびに心地よい音がします。

「丁寧にチョコレートドリンクをかき混ぜると、風味がよくなるんですよ」。チョコレートの街・オアハカのホテルで朝食を食べているときに、ホテルオーナーの女性が、そう教えてくれました。

ちょこちょこ、という陶器と木が優しくぶつかるあの音が、今でも私の耳に響いています。取材の思い出とともに「この説も十分にありそう」なんて、私は密かに感じています。

カカオからチョコレートができるまで

チョコレートは、どのように作られるのでしょうか？　きっと、これまで深く考えたことがない方がほとんどではないかと思います。

ここでは、トロピカルフルーツのカカオがチョコレートになるまでの基本的なプロセスを、先ほどよりも詳しく説明します。メーカーや生産規模によってさまざまな方法がありますが、ここでは比較的小規模なチョコレート工房で行なわれる製造方法を紹介します。

ちなみに、次ページからの工程①〜③はカカオが育つ生産国で行なわれることで、工程④〜⑧は主にカカオが育たないチョコレートの消費国（日本など）で行なわれることです。

①収穫

カカオの木から、熟したカカオの実を収穫します。実をパカッと割って、中に詰まった白い果肉に包まれたカカオの種、つまりカカオ豆を取り出します。

②発酵

白い果肉のついたフレッシュな種を、バナナの皮で覆うなどして（木箱に入れることもある）、数日間発酵させます。発酵は、**カカオ豆が持つ苦味や渋味をやわらげて、チョコレートの風味をよくするため**の重要な工程です。

③乾燥

発酵したカカオ豆は、果肉がドロドロに溶けているため粘り気があります。これを、地面や簀子《すのこ》の上に広げて天日干しをします。その後、乾燥したカカオ豆は麻袋に詰められ、世界各国のチョコレート工場へと輸送されます。

④焙炒（ロースト）

届いた麻袋からカカオ豆を取り出し、混ざり込んだゴミなどを取り除いてからロースト（火であぶる）します。**カカオの香りを引き出すため**です。

⑤外皮を取る

カカオ豆を細かく砕いてから風を当て、**カカオ豆の外皮「カカオハスク」**を吹き飛ばして取り除きます。外皮は硬いうえに、雑味にもなるからです。この焙炒したカカオ豆を砕き、外皮を取り除いたものが**「カカオニブ」**です。

⑥挽《ひ》く

カカオニブをすりつぶして、ペースト状にします。**カカオ豆の約五〇％は「カカオバター」と呼ばれる油脂**なので、ペースト状になるのです。このカカオニブをすりつぶした状態のものは**「カカオマス」**と呼ばれます。

⑦味をつけて、なめらかにする

カカオマスを美味しいチョコレートに変えるため、砂糖やミルク、バニラなどを混ぜます。そして、時間をかけて**練り上げて（コンチング）**風味をよくします。

さらに、チョコレートに美しい艶《つや》を出して口どけをよくするために、**温度調節（テンパリング）**を行ないます。

⑧成型

チョコレートペーストを型に入れ、冷やしてから型抜きします。

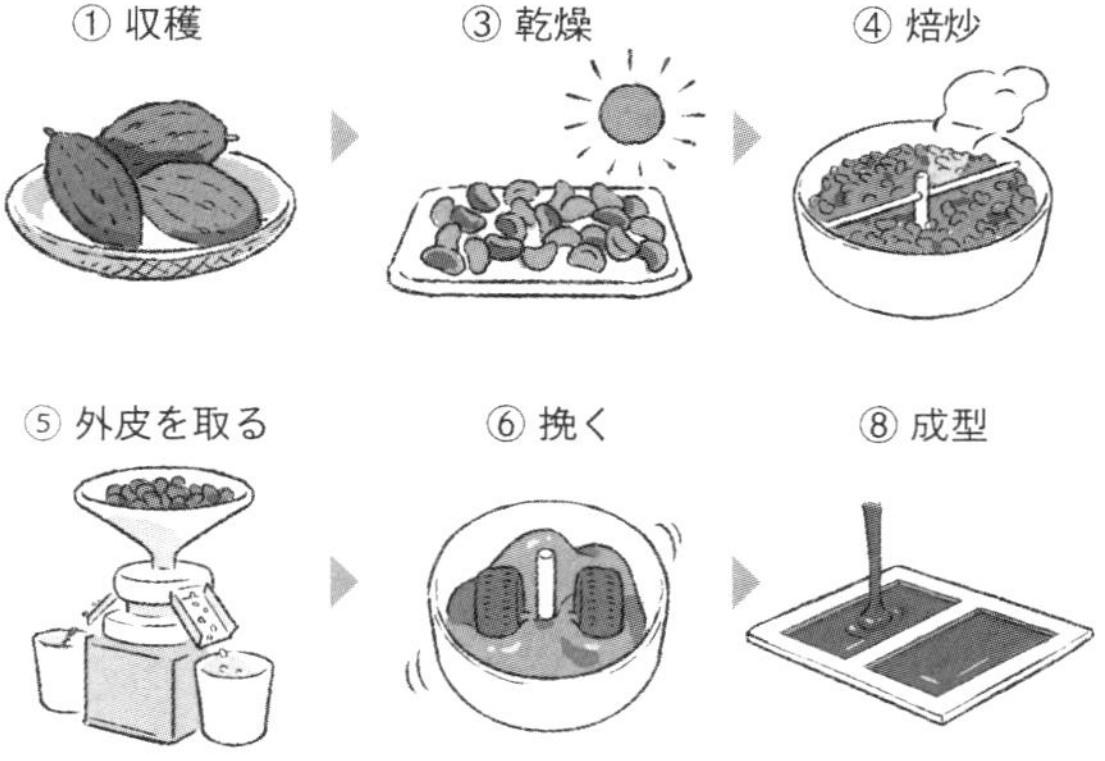

これで、チョコレートのできあがりです！　遠い熱帯の国で育つフルーツのカカオは、このような工程を経てチョコレートに姿を変えます。駆け足でまとめましたが、少しイメージできましたでしょうか？

もちろん、製造規模によって手順が違ったり、カカオ豆のロースト方法が異なったりもします。もっと複雑なプロセスについて専門用語を入れながら説明することもできますが、それはチョコレートメーカーさんにお任せしましょう。ここまで知っただけでも、みなさんはずいぶんチョコレート通になっていますよ。

「ビーントゥバーチョコレート」「クラフトチョコレート」といった看板を掲げているチョコレート店では、**こういったプロセスの一部（④からの工程）を見学できる**ことがあります。

また、セミナーやイベントで作業を公開していたり、カフェの窓越しに眺められたりすることもあるため、大人から子どもまで、きっと楽しめると思います。

美味しさの秘訣は「カカオバターの融点」!?

「私、チョコレートが大好きなんです」

そんな声を、これまでに何度も何度も、耳にしてきました。そのたびに私は「ほんとに、美味しくて幸せになれますよね」なんて答えているのですが、ここであらためて考えてみることにしましょう。

チョコレートは、どうして美味しいのでしょうか?

人間の体温でちょうど溶ける

チョコレートを口に入れたときのことを思い出してみてください。指でつまんだときは形をとどめています。でも口に入れると、自然にトロッと溶けていきますよね。つまり、**チョコレートは、人間の体温でちょうど溶けて液体になってくれる食べ物**なのです。

これは当たり前のようですが、決して当たり前ではありません。例えば、ピーマンが口に入れた途端《とたん》に溶けて、液体になったらびっくりしますよね？　口に入れるだけで自然と溶けてくれる食べ物は、意外と多くありません。

人がチョコレートを「美味しい」と感じる理由として、私はまず「体温との相性のよさ」をあげたいのです。

チョコレートが口の中で自然と溶けてくれる理由は、**カカオ豆に含まれる油脂「カカオバター」の融点（溶ける温度）が、人の体温よりも少し低い**からです。

人の平均体温は約三六・八度ですが、カカオバターの融点は約三三・八度です。そのため、口に入れると、何もしなくても固体から液体に変わっていってくれるのです。

常温では固形でいてくれて、私たちの口に入るとトロッと液体になってくれる。ちょうどよくて、素晴らしい性質だと思いませんか？

「カカオやチョコレートは、人間の性質に合わせて設計されたのでは⁉」なんて、私はときどき感じています。

本能的に「美味しい」と感じる味

チョコレートが美味しい二つ目の理由は、やはり味自体のバランスのよさです。

チョコレートの味は、カカオが持つ苦味や酸味に、砂糖の甘さを加えることで生まれたハーモニー。さらに、脂肪と糖分は人間が生きるために必要なエネルギー源なので、私たちは本能的に「美味しい」と感じますが、まさにチョコレートは**カカオバター（油脂）と砂糖を含んでいる**のです。

また、砂糖だけでなく、ミルクを加えればミルクチョコレートとなり、乳製品のコクが味わいをより豊かなものにしてくれます。

「マイ・ベスト・チョコ」を見つけやすい

また、チョコレートの「種類の豊富さ」も、多くの人が「美味しい」と感じる理由ではないでしょうか。チョコレートジャーナリストとして国内外を取材してきた立場から実感するのは、チョコレートの多種多様さです。

だからこそ、**どんな人にも「これは美味しい」と感じられるチョコレートが、きっとある**のです。

ミルクチョコレート、ビターチョコレート、ホワイトチョコレート……。味もさまざまで、形やサイズも豊富です。板チョコや一粒チョコ、チョコチップクッキーやチョコアイス、チョコレートケーキもあれば、ホイップクリームやナッツ、キャラメルやフルーツとも相性はバツグン。

最近では、甘さ控えめのハイカカオチョコレート（82ページ）や、ワインのように産地別でカカオの個性を生かしたタイプも人気があります。

あなたにも「昔からこのチョコが好き」「最近食べたこのチョコが美味しかった」という経験はありませんか？　チョコレートの種類の多さは、間違いなく、多くの人が「チョコレートは美味しい」と感じる理由の一つだと思います。


ちなみに、これは私が小学生だった頃の話。ある夏の日、私は板チョコを常温で保存するとドロドロになってしまうのに、冷やしておくとパリパリッとする、そんな性質がおもしろくて、ひそかに興味を抱いていました。

冷たいままかじったり、冷蔵庫から出して少しやわらかくしたり、小さなかけらであれこれ試したのを覚えています。食感が違うだけで、同じチョコなのにまるで別のものを食べているようで、ちょっと得した気分になっていました。

今思うと、幼い頃の私は、意外と重要なことに気づいていますね（笑）。

チョコレートの美味しさの秘密は、このように**温度によって引き出される、異なる食感や風味にもある**のです。

「高級チョコレート」の値段の謎

ある日、高級チョコレート専門店に足を運び、ショーケースを覗《のぞ》くと、まるで宝石のようにキラキラと輝くチョコレートボックスが並んでいました。箱の中には五粒のチョコレート。お値段を見ると、なんと二〇〇〇円！「え、一粒四〇〇円もするの⁉」と驚いてしまいました――。

このような経験、したことはありませんか？
私はこれに似たお話を、よく男性からお聞きします。以前、メディアでご一緒したタレントさんもそうでした。「一粒で原宿から亀有《かめあり》まで行けるやん」とか「牛丼が食べられるで」と彼はおっしゃっていました（笑）。

日本では「板チョコは一枚一〇〇円程度」というイメージが根強いです。三〇年以上つづいたデフレやチョコレートメーカーさんの努力によって、板チョコの価格が長年あまり変動してこなかったことが、このイメージを作っているのでしょう。

日本は高級チョコレートを、より高価だと感じてしまう国なのかもしれません。

こだわり抜いた「原材料」と「製造コスト」

「高級チョコはなぜこんなに高いの？」とは、メディアの方からよくいただく質問です。高級チョコレートの値段が高い理由を四つあげてみます。

まず一つ目は、**こだわった原材料の価格が反映されるため**です。

高級チョコレートブランドのショコラティエ（チョコレート職人）は、味のプロフェッショナルです。カカオやチョコレートもそうですが、フルーツやナッツ、スパイスや乳製品など、あらゆる選び抜いた素材が使われます。

例えば、いちごを使うにしても、どんないちごでもいいわけではありません。

ショコラティエが認めた特定の生産者や農園の、希少ないちごだけを使用することもあります。お酒も風味を重視してプレミアムなものを選べば、その分、原材料の価格は上がりますね。

原材料費が高くなれば、必然的にチョコレートの値段は上がっていきます。

二つ目は、一般的に「少量生産で手作りのものほど、価格は高くなる」傾向があるからです。チョコレート職人が手作業で作る場合だと、**時間と手間がかかっているため価格は上がります。**

さらに、小規模なブランドであれば小ロットで生産を行なうため、原材料の調達コストが高くなる傾向があり、結果としてチョコレートの価格は上がります。これはチョコレートに限ったことではありませんが、一般的に大ロットよりも小ロットで生産される商品は、コストがかさむため価格が高くなります。

三つ目は、特に輸入チョコレートの場合です。

遠方からチョコレートをベストな状態で輸入するためには、特別な保存技術や輸送方法が欠かせません。こうした日本への輸送費やチョコレートの保存費用も、チョコレートの価格に影響を与えています。

心惹かれる「ブランドの世界観」

最後の四つ目ですが、ラグジュアリーな高級チョコレートブランドは独自の世界観を作り、それを維持するためにコストをかけているからです。

高級ブランドが提供するのは、チョコレートの味だけではありません。実際に訪れてみると感じられると思いますが、店の立地、インテリア、パッケージ、接客までを含めた「豊かな体験と時間」という価値を顧客に届けています。

世界的に有名な高級ホテルやラグジュアリーなファッションブランドが、チョコレートを手がけていることも多いです。スタッフの美しい制服やテーブルに飾られたフラワーアレンジメント、カトラリー、紙袋、リボンをはじめ、すべてのディテールに美意識が行き届いているのが、高級チョコレート店なのです。

チョコレートブランドには、味だけでなく、その世界観にもファンがついています。高級チョコレートの価格には、**私たちに豊かな時間と体験を提供するためのコストも含まれている**わけです。

カカオの不作によるチョコレートの値上がり

ちなみに、チョコレートの価格といえば、二〇二三年秋から「**カカオ豆の国際価格の高騰**」が問題となっています。

カカオの値段が高騰している主な理由は、世界の主要なカカオ生産国である西アフリカのコートジボワールとガーナでの、カカオの不作です。その影響でカカオ豆の価格が上昇し、それに伴ってチョコレートの価格も世界的に上昇傾向にあります。日本のチョコレート商品も同様です。

さらにカカオだけでなく、乳製品や卵、果物、ナッツの価格も上昇し、輸送コストも上がっています。そのため、おそらく今後数年は高級チョコレートに限らず、**身近なチョコレートも徐々に値上がりしていく**ことになりそうです。

一人当たりの消費量がトップの国は、デンマークだった⁉

「チョコレートを一番よく食べる国はどこですか？」

そう尋ねられると、私は必ず「どこだと思いますか？」と質問をお返しします。さて、みなさんも一緒に考えてみてください。どの国がチョコレートをよく食べていると思いますか？

毎年ランキングは変動し、スイスやドイツが一位になることが多いですが、ICA／CAOBISCOの二〇二二年のデータによると、**一人当たりのチョコレート年間消費量が最も多い国はデンマーク**です。デンマークでは一人当たり、一年でなんと一〇・七キログラムのチョコレートを消費しています。

これがどれほど多いかというと、日本の約五倍です。日本人の年間消費量は一人当たり二・一キログラム。私たちの約五倍ものチョコレートを食べているとは、あらためてチョコ好きな人が多い国だということが、わかりますね。

ちなみに、板チョコ（五〇グラム）に換算すると、デンマーク人は板チョコを一年に二一〇枚ほど食べている計算になります。一方、私たち日本人は、一年に四〇枚ほど食べていることになります。

スイスでチョコレート店巡り

チョコレートの年間消費量が世界トップクラスの国・スイスを私は二度取材で訪れましたが、たしかにみなさんがチョコ好きであることを実感しました。

お会いした多くの人が「チョコレートが好き」と話し、そして何よりも「メイド・イン・スイス」のチョコレートに誇りを持っていました。スイスは時計をはじめ、職人の技術と商品の品質が世界的に高く評価されていますが、チョコレートの美味しさも世界中で知られているのです。

チョコレートの歴史においても、「チョコレートの四大発明」のうち、二つがスイスで生まれています。じつは、**スイスは「チョコレートの国」**なのです（四大発明については142ページで！）。

取材でジュネーブの街を歩き回り、老舗《しにせ》チョコレート店を中心に訪れました。どの店でも、世界中から訪れる観光客がチョコレートを購入していました。また、空港内にもスイスチョコレートの店があり、おなじみの「リンツ」「トブラローネ」「カイエ」をはじめ、あらゆるスイスブランドのチョコレートがずらり。後ほど詳しく述べますが、スイスはミルクチョコレートが生まれた国でもあるので、ミルクチョコレートの美味しさには特に定評があります。

世界で一番チョコレートを作っている国は？

少し話がスイスに飛んでしまいましたが、話を戻して、デンマークにつづくチョコレート年間消費量のランキングを見てみましょう。

ドイツは世界屈指のチョコレート消費&生産国！

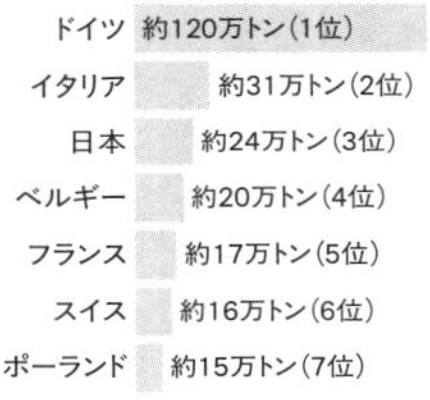

2022年チョコレート
年間国内生産量(国別)

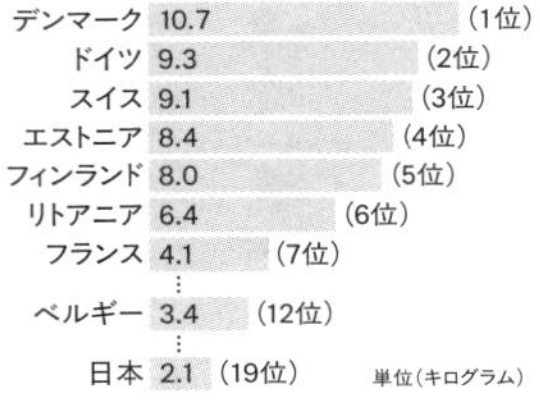

2022年チョコレート
一人当たりの年間消費量(国別)

出典：ICA／CAOBISCO『世界主要国チョコレート生産・輸出入・消費統計』

いくつかのデータがありますが、ここでは先ほどと同様に、ICA／CAOBISCOの二〇二二年のデータを引用しています。

世界国別の一人当たりのチョコレート消費量ランキングでは、二位はドイツで九・三キログラム。つづく三位はスイスで九・一キログラム、四位はエストニアで八・四キログラム、五位がフィンランドで八・〇キログラムです。

日本でよく「チョコの国」と連想されるフランスは七位、ベルギーは一二位で、それぞれ四・一キログラムと三・四キログラムという結果に。ちなみに、日本は一九位です。

チョコレートの年間国内生産量についての

ランキングもあります。「どれだけ食べるか」ではなく、その国が「一年でどれだけチョコレートを生産しているのか」を示す指標です。

チョコレートの年間生産量、世界ナンバーワンは圧倒的にドイツです。ドイツは一年で、なんと約一二〇万トン！　二位のイタリアでも約三一万トンですから、ドイツが群を抜いて生産量トップであることがわかります。

そして、ドイツ、イタリアときて、**第三位はなんと日本です！**　生産量となると、じつは日本も健闘し、年間約二四万トンも生産しているのです。これにつづいて、四位はベルギー、五位はフランス、六位はスイス。日本はベルギーやフランスを抜いて、世界トップクラスなのです。

ただし、世界のチョコレート生産量や消費量については、まとまったデータの入手が難しく、こちらで取り上げたデータには、アメリカやイギリス、中国のように数字を公表していない国は含まれていません。集計時期や方法によって多少結果に違いがあるようですが、いずれにしても、世界一のチョコレート生産国がドイツであることは、長年変わっていません。

「ココア」と「チョコレートドリンク」は別の飲み物!?

「ココアとチョコレートドリンクは違うの?」という質問をよく受けます。

答えはイエス。ココアとチョコレートドリンクは、異なる飲み物です。

大きな違いは、含まれている油脂の量です。**ココアにはほとんど油脂が入っていませんが、チョコレートドリンクにはカカオバター(油脂)が入っています。**

じつはココアとは、カカオマスからカカオバターを取り除いてパウダー状にしたものです。

そのため、飲んだときの感覚も全然違います。ココアはさらりとしているのに対し、チョコレートドリンクはとろり。油脂が少ない分、ココアはサラサラとしているわけです。

ココアはチョコレートの風味が薄い

もう一つの違いは、味にあります。じつはココアには、あまりチョコレートの風味が残っていないのです。「そういわれてみれば……」などと、思い当たる方もいるかもしれません。

その理由は、ココアの製造工程で行なわれる「アルカリ処理」にあります。「アルカリ処理」とは**カカオ豆にアルカリ溶液を加えて、カカオの酸味や渋みを中和させることですが、この工程によってカカオ豆の香りが薄れる**のです。

一方で、チョコレートドリンクはチョコレートそのものを溶かして作るので、チョコレートの豊かな風味と香りがしっかり溶け込んでいます。

ココアは、昔から日本でおなじみの飲み物ですね。缶や袋に入った粉状のココアを常備しているご家庭も多いことでしょう。我が家も、もちろんそうです。

そんなココアは、一八二八年、およそ二〇〇年前にオランダで生まれました。ココアの誕生はチョコレートにまつわる四大発明の一つで、オランダのヴァン・ホーテンがカカオ豆からカカオバターを取り除くことに成功したのです（こちらも、詳しくは142ページで！）。

「ショコラショー」ってなんですか？

一方のチョコレートドリンクは、チョコレートの味そのものを楽しめるので、チョコレート専門店で提供されることが多いです。なかには、とろりとしたポタージュスープのように濃厚な食感のものもあり、濃度や風味はさまざま。「ホットチョコレート」として提供されることが多いものの、夏は冷やして楽しむチョコレートドリンクも人気があります。

さて、フランス由来のチョコレート店へ行くと、「ショコラショー」や「ショコラショ」といったメニュー名を見かけることがあると思います。

これはフランス語で「ホットチョコレート」のことです。

「ショコラ」は「チョコレート」、「ショ」は「熱い」という意味があります。

フランスのカフェで「Le Chocolat Chaud（ル ショコラ ショー）」というメニューを見かけたら、それはチョコレートをミルクで溶かして作る、熱々のホットチョコレートだと思ってください。

ココアとチョコレートドリンクの違いについて説明してきましたが、店によっては、ココアを使ったドリンクを「チョコレートドリンク」や「ショコラショー」として提供して

いることもあります。どんな風味かを知りたいときは、ぜひ店の人に尋ねてみてくださいね。

チョコレートドリンクは自宅でも作れる

個人的な話をすると、昔から私はチョコレートドリンクが大好きで、ホットチョコレートやココアを毎日欠かすことがありません。

長年、カカオ分七〇%以上のチョコレートとミルクを使って、自宅でチョコレートドリンクを作っています。

最近は、家庭用の便利なチョコレートドリンクメーカーが手に入るようになったので、驚くほどチョコレートドリンク作りがラクになりました。気分に応じて、ドリンクメーカーでココアも作ります。

忙しいときもスイッチ一つでドリンクができ、美味しいうえにカカオポリフェノールを摂取できるので、毎日心が満たされています。

意外と知らない「チョコレートの種類」

ダークチョコレート、ミルクチョコレート、ホワイトチョコレート……。みなさんは、この三種類の違いを説明できますか？

それぞれの特徴を、簡単にまとめてみました。

◆ダークチョコレート（ビターチョコレート、ブラックチョコレート）

原材料：ココアケーキ、カカオバター、砂糖

主に、この三つの材料から作られます。「ビターチョコレート」とも、逆に「スイートチョコレート」とも呼ばれています。ミルク（乳製品）が入っていないことが特徴で、**ほどよい苦味と甘さ**があります。

ちなみに、カカオ豆の約五〇%が油脂で、それを「カカオバター」と呼ぶことは24ページでもお伝えしましたが、**カカオからカカオバターを圧搾《あっさく》して絞り出したあとの、残った固形分のことを「ココアケーキ」**といいます。

カカオ豆をすりつぶしたものがカカオマスなので、カカオバター+ココアケーキ=カカオマスです。

◆ミルクチョコレート

原材料:ココアケーキ、カカオバター、砂糖、乳製品

主な材料は、この四つです。**乳製品(ミルク)は液体ではなく、主に全粉乳や脱脂粉乳などが使われます。**ミルクが加えられているため、クリーミーで甘みを感じます。一八七六年にスイスで誕生しました(一八七五年説もある)。

◆ホワイトチョコレート

原材料:カカオバター、砂糖、乳製品

主な材料は、この三つです。**ホワイトチョコレートが白いのは、ココアケーキが含まれておらず、ミルクとカカオバターだけの色だから**です。

ただ、カカオバター自体にはほとんど風味や色がないため、ホワイトチョコレートの味は主にミルクと砂糖によるもの。ミルキーな甘さが特徴で、いちごや抹茶などと合わせると、素材の風味が生きて美味しいです。

ホワイトチョコレートが誕生したのもスイスで、一九三六年のことです。

以上が、各チョコレートの大まかな特徴です。

ちなみに、同じ種類のチョコレートでも、製造者によって味が異なります。チョコレートにはバニラなどの香料が加わることも多く、例えば、同じ「ミルクチョコレート」でもメーカーごとにかなり風味の違いがあるので、その違いもおもしろいです。

カカオやミルクの種類、砂糖の配合などによって、さまざまな味わいのダークチョコレート、ミルクチョコレート、ホワイトチョコレートがあるのです。

ベージュとピンクの「第四のチョコレート」

みなさんにとっておなじみの三つのチョコレート、ダーク、ミルク、ホワイトが誕生したあとに、じつはとてもユニークなチョコレートが生まれました。それが「ブロンドチョコレート」と「ルビーチョコレート」です。

ホワイトチョコレートが誕生した一九三六年以降に生まれ、「第四のチョコレート」としても話題になった、この新しい二つのチョコレートをご紹介します。

◆ブロンドチョコレート

原材料：カカオバター、砂糖、全粉乳、脱脂粉乳、乳清《にゅうせい》、バターなど

二〇一二年、フランスの高級製菓用チョコレートブランド、ヴァローナ社が発表したのがこの「ブロンドチョコレート」で、商品名は「ドゥルセ」です。

美しいブロンドカラーが特徴で、塩キャラメルやビスケットのような風味が

あります。これまでにない濃厚なミルキーさが、多くの人々に愛されています。

◆ルビーチョコレート

原材料：カカオバター、砂糖、全粉乳、脱脂粉乳、カカオマス、クエン酸など

二〇一七年にスイスのチョコレートメーカー、バリーカレボー社が発表した「ルビーチョコレート」は、**明るいピンク色で甘酸っぱい風味**があります。

カカオを特別な加工方法で処理することによって、赤みを帯びたカラーを引き出し、ユニークな味と見た目を実現しています。

ブロンドチョコレートの色はベージュ、ルビーチョコレートの色はピンク。色のバリエーションが加わって、チョコレートの楽しみ方が一層豊かになりました。

これらのチョコレートは、主に**プロの製菓用チョコレート（クーベルチュール）として使用されています。**チョコレート職人たちは、これらをベースにナッツやフルーツ、スパイスなどを組み合わせ、次々と新しい味を生み出しているのです。

チョコレートが白くなる「ブルーム現象」

暑い夏の日、家で少し前に買ったチョコレート菓子の包装を開けたら、表面が白くなっていた……。

チョコレート好きな方なら、一度は経験したことがあるのではないでしょうか。

チョコレートの包みを広げて、白くなっているとショックですよね。見た目はよくないけど「食べられるから大丈夫」なんて思ってかじると、バリッとかボリッとした音が……。

口の中でもなんだかボソボソして、なかなか溶けてくれません（これは私の実体験です）。

白色の正体は「油脂」か「砂糖」

夏にチョコレートを長く常温で放置しておくと、溶けてしまいますよね。そのやわらかくなったチョコレートを冷蔵庫に入れるなどして、冷やして再び固めると、表面が白っぽくなることがあります。

これは「ファットブルーム」、もしくは「シュガーブルーム」と呼ばれる現象です。「ブルーミングが起こってしまった」などと言い表されることもあります。

ファットブルームとは、チョコレートの表面に油脂（ファット）が浮き出て白くなること。チョコレートに含まれる**カカオバターが表面に浮きあがって、結晶化するために起こります。**

一方、シュガーブルームは、チョコレートに溶け込んでいた**砂糖が結晶化し、表面に浮かびあがった**ものです。

理想の「V型」って何？

チョコレートは、急激な温度変化を受けると、きれいに並んでいたカカオバターや砂糖の結晶がバラバラになってしまいます。

こうイメージしていただくと、わかりやすいかもしれません。カカオバター（油脂）や砂糖たちが、手をつないできれいに並んで固まっていたチョコレート。そこに温度を加えると溶けて、みんなが一斉に手を離してバラバラになってしまいます。それをもう一度きれいに整列させようとしても、もう前と同じようにきれいには並びません。バラバラになったものを冷蔵庫で冷やして固めても、バラバラになった状態で固まるだけ、というようなイメージです。

専門的にいうと、きれいに並んだ状態（理想的な並び）は、カカオバターの六つの結晶系のうち**「V型（5型）」**と呼ばれ、チョコレートに艶があって、口どけもよい最高の状態です。きれいに並んで固まっていたV型は、一度バラバラになると、もう一度温度調整（テンパリング）をしないことには元に戻りません。

捨てるなんて、もったいない！

うっかり、板チョコレートを白くしてしまったときのためのレスキューレシピを、ここでご紹介します。これは私が自宅で何度も実践している方法で、普通のチョコレートを使っても、もちろん美味しいです。ぜひ、試してみてください。

◆刻んでチョコレートドリンクにする

白くなったチョコレートをナイフで細かく刻み、鍋で温めたミルクに加えながら混ぜて溶かしましょう。美味しいホットチョコレートになります。

◆レンジで温めてチョコレートソースにする

白くなったチョコレートを小さく割って、耐熱容器に入れます。それをレンジで数分温めると、とろりとしたチョコレートソースができます。温かいうちにいちごやバナナをディップしたり、パンに塗ったりすると美味しいです。

◆チョコレートトーストにする

普通のチョコレートでも、私がよく作るのがこちら。チョコレートを細かく刻んで、トーストした食パンの上にパラパラと敷き詰めます。トーストの余熱でチョコレートがほどよく溶けて、美味しいチョコレートトーストのできあがり！　スライスしたバナナをのせても美味しいです。

チョコレートは、温度の変化がとても苦手です。人間も大きな気温の変化によって体調を崩しがちですよね。それと同じように、チョコレートの温度変化にも気を使ってあげてください。詳しい保存方法については、223ページに書きます。

「生チョコレート」は日本で生まれた！

「生チョコ」って美味しいですよね。口に入れるととてもなめらかで、私も大好きなチョコレートの一つです。

生チョコは、**チョコレートに生クリームを加えたもので、水分量が多く、外側にチョコレートのコーティングがありません。**

日本で「生チョコレート」という名称で商品を販売するためには、いくつかのルールがあります。

まずは、水分を多く含んでいること。「生チョコレート」は水分量が一〇％以上でなくてはなりません。ちなみに、一般のチョコレートは三％以下ですので、いかに水分量が多いかがわかります。

ほかには、チョコレート生地（255ページ）が全重量の六〇％以上であること、クリームが全重量の一〇％以上であることも条件になっています。これらは、全国チョコレート業公正取引協議会が定めた、日本独自の規約です。

「生チョコ」の名前の由来

ところで、みなさん。「生チョコ」は神奈川県生まれだということ、ご存じでしたでしょうか？

生チョコは、一九八六年、神奈川県平塚市の洋菓子専門店「シルスマリア」で生まれました。当時のオーナーシェフが「これまでにない、口に入れた瞬間にとろけるようなチョコレートを作ることはできないか」と考え、試行錯誤の末に完成させたチョコレートです。

「生チョコ」と名づけたのは、店の人気商品だった生クリーム入りの「生パイ」にちなんだとのこと。また、新しさもありながら覚えやすい名前にしたかったから、という理由もあるそうです。

「〇〇の石畳」が多い理由

さて、じつは生チョコには「〇〇の石畳」という名前の商品が多いのですが、それはなぜでしょうか。

その背景には、**スイス生まれの「パヴェ・オ・ショコラ（石畳チョコレート）」や「パヴェ・ド・ジュネーブ（ジュネーブの石畳）」**があります。

「パヴェ」とは、フランス語で石畳のことで、スイスの街の石畳をモチーフにしたチョコレートです。立方体や四角形のチョコレートが、石畳のように箱の中できれいに整列しています。

日本では一九八八年に、東京・銀座で「シェ・シーマ」の「銀座の石畳」が発売されました。これは「パヴェ・ド・ジュネーブ（ジュネーブの石畳）」をイメージして作られた人気チョコレートでした。

そして一九八九年には、「シルスマリア」が生み出した「生チョコ」が「公園通りの石畳」という商品名になり、生チョコが石畳と結びつきました。

その後、多くのブランドが生チョコレートを作るようになり、二つの人気チョコレートにちなんで「〇〇の石畳」という名前を採用したようです。

二〇〇五年頃には、北海道の「ロイズ」の生チョコレートが大ヒットし、日本は「生チョコブーム」に沸きました。「ロイズ」の生チョコレートには、フルーツやコーヒー、お茶やお酒など、さまざまな種類の風味があります。

生チョコはトレンドで終わることなく、今や日本の定番チョコレートとなりました。生チョコレートは日本独自のカテゴリーとなり、今は海外でも人気を集めています。

「パヴェ・ド・ジュネーブ」は「生チョコ」ではない

ちなみに、私はスイス・ジュネーブでの取材で、石畳の道（まさにパヴェ・ド・

ジュネーブ）を歩き回り、チョコレート店巡りをした経験があります。

そこでわかったのは、日本の生チョコと違って**「パヴェ・ド・ジュネーブ」には生クリームが使われていない**ということです。

さらに、日本のようにフルーツやお酒のような味や色のバリエーションはなく、ほとんどがプレーンです。考えてみれば、たしかにヨーロッパの歴史ある「石畳」ですから、カラフルだったらおかしいのかもしれませんね。

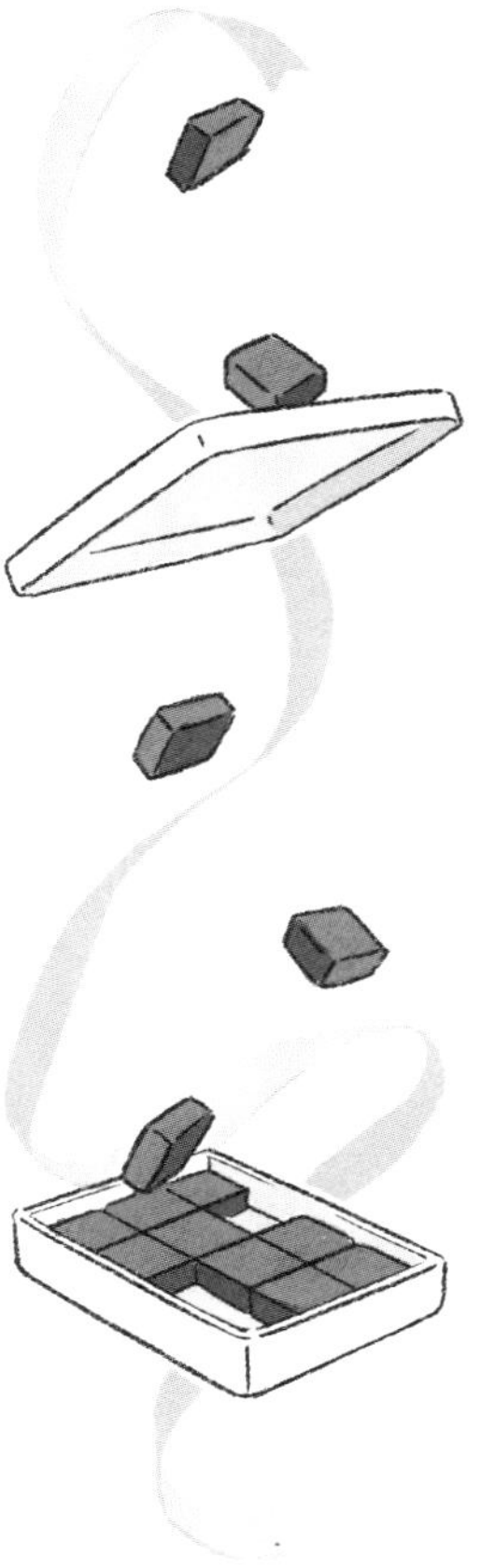

教養としての「チョコレート用語」

ここでは、私がよく「これはどういう意味？」と聞かれるチョコレートの種類や用語についてまとめておきます。

ボンボンショコラ

ひと口サイズのチョコレートのことで、フランス語では「ボンボン・オ・ショコラ」とも呼ばれます。外側はチョコレートで覆われていて、中にはガナッシュ（63ページ）、プラリネ（64ページ）、キャラメルなどが入っています。

ベルギー風のボンボンショコラは、チョコレートの型を使って作られ、外側

のチョコレート部分は「シェル（殻）」と呼ばれます。一方、フランス風のボンボンショコラは、ガナッシュなどの中身に、「エンローバー」という機械を使ってチョコレートを薄くコーティングするスタイルです。

ガナッシュ

ガナッシュとは、**チョコレートに温めた生クリームを混ぜ合わせたもの**です。コクとなめらかな口当たりが魅力で、ボンボンショコラやトリュフチョコレート（65ページ）の中身としても広く知られています。

配合にもよりますが、冷やして平たくして固め、四角くカットすれば生チョコレートになります。

名前の由来には諸説ありますが、一九世紀のフランス菓子店で、見習いがうっかりミルクをチョコレートにこぼしてしまい、師匠が「ガナッシュ（間抜け）！」と叱ったのが起源だという逸話も伝えられています。

プラリネ

プラリネと聞いたら、ナッツの味を思い浮かべてください。**砂糖を煮詰めてキャラメル状にして、ローストしたアーモンドやヘーゼルナッツにからめたもの、またはそれを細かく挽いてペースト状にしたもの**がプラリネです。

プラリネはガナッシュと並んで、ボンボンショコラの中身の代表格です。ナッツの産地や種類、焙炒具合、挽き方の細かさによって、風味はさまざま。

ちなみに、ベルギーではボンボンショコラのことを「プラリーヌ」と呼びますが、プラリネとは別の物です。

タブレット

チョコレートの話をしているときに「私、タブレットを買ったの～」と話す

人がいたら、iPadなどの端末を買ったわけではありません。「ああ、この人は板チョコを買ったんだな」と認識してください！

タブレットは、フランス語で「板状のもの」という意味があり、**チョコレートの世界では板チョコを指します。**正式名称は「タブレット・オ・ショコラ」（チョコレートのタブレット。英語でいうチョコレートバー）ですが、略してタブレットと呼ばれているのです。

トリュフ

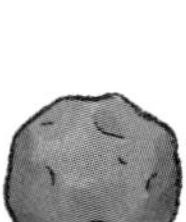

トリュフは、ボンボンショコラの代表的な存在です。その名前は、世界三大珍味の一つとして知られるトリュフ（キノコ）に形が似ていることから付けられました。
一般的なトリュフは、**ガナッシュを丸めて固めたあと、ココアパウダーをまぶしたもの**です。こうすると、土からトリュフを掘り出したような見た目にな

ります。ナッツをまぶしたり、薄くチョコレートでコーティングしたりするものもあり、国やブランドごとにさまざまな種類があります。

マンディアン

平たく丸い形をしたチョコレートに、ナッツやドライフルーツがカラフルにトッピングされた「マンディアン」は、フランスで生まれました。この「マンディアン」という名前は、フランス語で「托鉢《たくはつ》修道士」を意味しています。

もともとは四種類のトッピングがほどこされ、それぞれの色が四つの修道会の服の色にちなんでいました。白はアーモンド、灰色はドライイチジク、茶褐色はヘーゼルナッツ、そして濃紫《こむらさき》はレーズンで表されています。

現在は、トッピングのバリエーションが増えており、華やかな見た目が魅力的です。どこをかじるかによって変わる味わいも、マンディアンならではの楽しみ方でしょう。

Column

私の推しチョコ
カジュアルチョコ編

そろそろ、チョコレートを食べたくなっていませんか？

本書の章末のコラムでは、私の「推しチョコ」を紹介します。私の「推し」は数え切れないほどありますが、そのなかからいくつかを選んで解説します。日本で買えるロングセラーも選びました。定評があるものばかりなので、ぜひ味わってみてください。

ここでは、カジュアルチョコに焦点を当てます。

日本のチョコレートメーカーが作った名作チョコレートは数知れず。私たちが手頃な価格で美味しいチョコレートを味わえるのは、企業のみなさんの努力のおかげです。日本のカジュアルチョコの歴史は興味深く、何時間も語りたくなるほどですが、まずは、私がコンビニやスーパーで買うことが多いチョコレートのお菓子を紹介します。

ロッテ　チョコパイ

1983年に誕生したロングセラー商品。当時、ケーキよりも長持ちする“半生ケーキ”タイプのお菓子は、新しいジャンルでした。

私は子どもの頃からチョコパイのファンです。ひと口かじると洋酒がほのかに香るクリームとケーキが口の中でスッと溶け、その後につづくチョコレートの余韻が最高です。夏には冷蔵庫で冷やして、ひんやり味わうのも格別です。

森永製菓　チョコボール

森永製菓の「チョコボール」は、1967年に発売されました。発売当初は「チョコレートボール」という名前で、「ピーナッツボール」「チョコレートボール」「カラーボール」のフレーバー3種類でしたが、1973年からはピーナッツとキャラメルがレギュラー商品になりました。

「チョコボール〈ピーナッツ〉」の美味しさの秘密は、チョコとピーナッツの間にあるサクッとした層にあります。ピーナッツのまわりに、粉と糖蜜《とうみつ》をまぶして焼いてあるからこそ、あの食感と風味が実現するのです。

明治　明治 ザ・カカオ（旧 明治 ザ・チョコレート）

コンビニで手に入るプレミアムなチョコレートです。2014年に生まれた「明治 ザ・チョコレート」が2024年秋にリニューアルして「明治 ザ・カカオ」になりました。

シングルオリジン（単一産地）のカカオ豆を使用し、各国のカカオの風味が表現されています。例えば、ベネズエラ産のカカオはナッツのような香り（ナッティ）、ペルー産は花のような香り（フローラル）、ドミニカ共和国産はフルーティーな風味（フルーティ）が特徴です。

もちろん香料は使っておらず、食べ比べると「え、カカオ豆ってこんなに風味が違うの？」という大きな発見があるでしょう。

不二家　ルック

「LOOK（ルック）」は、1962年に生まれました。異なる味のクリームをセンターに詰めた一粒チョコレートです。販売当初は粒がつながった板チョコでしたが、1968年頃に一粒タイプになったようです（不二家広報室調べ）。

ゴシック調の「LOOK」のロゴは、20世紀を代表する産業デザイナー、レイモンド・ローウィ氏によるものです。

2章

じつは、チョコレートは健康にいい!?

チョコレートをたくさん食べると、鼻血が出る!?

突然ですが、チョコをたくさん食べて鼻血を出したことはありますか？　または、今までの人生で、そういう人に出会ったことはあるでしょうか？

「歩美さん、チョコレートを食べすぎると、鼻血が出ませんか？」

クスッと笑いを誘う質問ですが、結構これ、よく聞かれます。

私は子どもの頃から、たぶんスイス人並みにチョコレートを食べつづけていますが、そのせいで鼻血を出したことは一度もありませんし、鼻血を出した人に出会ったこともありません。

かつては「いつか出るのかな？」と心配していたこともありましたが、今ではもう気にしていません。だって冷静に考えて、出なさそうじゃないですか？

じつは、医学的な根拠はない

チョコレートと鼻血の関係に、医学的な根拠はありません。チョコレートが鼻血のイメージと結びついているのは日本だけのようで、海外では「そんな話は聞いたことがない」などと笑い話になります。

それでは、日本でチョコレートから鼻血を連想する人が多いのはなぜでしょう？

その理由として、まず、**チョコレートには血行をよくする成分が入っているため、鼻血と関連づけられた**可能性があります。

たしかにポリフェノールが入っているので、血行はよくなるかもしれません。ですが、もちろん、食べただけでいきなり鼻の血管が破れるほどではありません。

また、**チョコレートに含まれる微量のカフェインが、鼻血と結びついた**可能性もあります。しかし、実際にはチョコレートに含まれるカフェインの量はごくわずかなので、こちらも過剰に心配するほどではありません。

例えば、一枚（五〇グラム）のミルクチョコレートの板チョコに、カフェインは約二〇ミリグラム含まれていますが、一杯のコーヒーには約九〇ミリグラムものカフェインが含まれています。そのため、もしもカフェインが鼻血の原因なら、コーヒーを飲むたびに鼻血を出す人が続出してしまうことになりますが、そんな話は聞いたことがありません。

昭和の漫画「鼻血ブー」由来説

鼻血とチョコレートの関係を検証するなかで、私なりにたどり着いた一つの説があります。それは、昭和時代の漫画に由来しているのではないか、という説です。一九七〇年から一九七一年にかけて『週刊少年マガジン』に連載され、一世を風《ふう》靡《び》した『ヤスジのメッタメタガキ道講座』という漫画をご存じでしょうか。この作品は、主人公が興奮すると「ブー」と鼻血を出すシーンで有名でした。

映画化されるほどの人気だったこの作品の影響で、**「チョコレートを食べる→美**

味しくて感激する→興奮する→鼻血ブー」というイメージが作られたのではないかと思うのです。

そしてやがて「チョコレートを食べると鼻血が出る」というイメージだけが広まり、世間に定着したのかもしれません。当時を知る方が何人も頷《うなず》いてくださった話ですが、みなさんはどう思われるでしょうか。

子をたしなめる「口実」説

あとは、昭和の時代、チョコレートは高価で特別な食べ物でした。そのため、親が子どもにねだられたときの答えとして、あるいは

「チョコレートばかり食べていないで、バランスの取れた食事をしなさい」と子どもに言い聞かせる口実として「チョコレートを食べると鼻血が出る」という迷信が使われた可能性も考えられます。

繰り返しますが、チョコレートと鼻血の関係に医学的な根拠はありません。ただ、鼻は少しの刺激で血管が切れやすい部位ではあります。それは鼻の穴から一センチメートルほど奥に、「キーゼルバッハ部位」と呼ばれる毛細血管が集中している場所があるからです。

チョコレートと関係はなくとも、日常生活で鼻の中を傷つけないように気をつけてくださいね。

「チョコでニキビができる」はホント!?

前項の鼻血と違って、「チョコを食べると、ニキビができるんです」という声は、実際に何度か聞いたことがあります。

ところが、です。日本チョコレート・ココア協会によると、一九六〇年代後半にアメリカで行なわれた研究で**「チョコレートをたくさん食べることとニキビが発生することに、直接の関係はない」と報告されている**そうです。

また、二〇〇九年に発表された研究では「特定の食事パターンがニキビに影響する。高糖質の食事や、乳製品の摂取がニキビと関連している可能性がある」とはしているものの「チョコレートについては、カカオ成分とニキビを関連づける確かな根拠はない」と結論づけています。

ホワイトチョコはニキビを悪化させるが……

チョコレートとニキビの関係性について、いくつもの研究がされていますが、今のところ因果関係は認められていないようです。**ひと口に「チョコレート」といっても、あらゆる種類がある**のです。

例えば、興味深い研究結果があります。二〇一四年にイランで行なわれた研究では、中等度から重度のニキビのある人を対象に、一か月間、一日二〇〇グラムのホワイトチョコレート、またはダークチョコレートを食べてもらいました。すると、その結果として「ホワイトチョコレートの摂取がニキビの悪化と関連していた」と報告された一方で、「ダークチョコレートとの関連性は認められなかった」とも報告されているのです。

チョコレートとニキビの関係は、チョコレートの種類を特定し、成分を細かく分析したうえで解明しなければ、はっきりしないことがわかります。

カカオバター（油脂）と砂糖と乳製品のみで作られたホワイトチョコレートを食べるのと、砂糖は少量で乳製品は入っていないダークチョコレートを食べるのとでは、成分が違いますから、別の結果が出るわけです。メーカーや使う原材料によっても、チョコレートの成分はかなり変わります。

チョコレートではなく、ストレスが原因？

朝起きて鏡を見たら、ポツンとニキビができていた。ショック……。

さて、その原因はなんでしょうか？

ニキビは、皮脂腺から分泌された皮脂が毛穴に詰まり、細菌が繁殖することによってできます。ニキビの原因は、体質やホルモンバランス、体調、食生活、ストレス、そして皮膚が清潔かどうかなど、さまざまです。

ニキビの原因を特定するのは難しいものです。前日にあなたはチョコレートを食べたかもしれませんが、それだけが原因だとは言い切れません。もしかすると、ホルモンバランスが崩れていたのかもしれませんし、忙しさやストレスで食生活自体が乱れていたのかもしれません。

そういう状態でチョコレートを食べ、眠りについて翌朝起きると、おでこにニキビが……ということもあるでしょう。

ストレスや食生活の乱れよりも、**美味しいチョコレートを食べたことが強く記憶に残っていたら、それをニキビの原因だと思い込んでしまう**かもしれません。チョコレートはいつでもコンビニなどで手軽に買えるので、忙しい時期ほど手を伸ばしてしまいますからね。

特にホルモンバランスが不安定な思春期には、ニキビができやすいといわれていますが、これにも個人差があります。

いずれにしても、重要なのは、栄養バランスを意識しつつチョコレートを楽しむこと。私自身は、仕事が忙しく生活リズムが不規則になりがちなときほど、チョコレートを食べすぎないように注意しています。

そもそも、チョコレートは健康にいいの？

「チョコレートは健康によくない」というイメージが一般的だった時代は、過ぎ去りつつあります。

近年ではその逆転現象で、健康のためにチョコレートを購入する人が増えています。私のまわりにも「おやつは、健康のためにカカオ分の高いダークチョコレートを選んでいる」という人が少なくありません。

健康にいいチョコレートの種類とは？

さて、「どんなチョコレートが健康にいいの？」と聞かれることがよくあります。

もしあなたが、スーパーフードともいわれるカカオの健康効果に期待するなら、まずは**カカオの割合が多いダークチョコレート**を選んでください。

基準は、チョコレートのパッケージに書かれた数字です。包装紙やパッケージの一部に「カカオ七二％」「カカオ八〇％」などと記されており、その数字が大きいほど、カカオが多く使われているということです。

おすすめは、**カカオの割合が七〇％以上とされる「ハイカカオチョコレート」**と呼ばれるタイプです。その人気は近年高まっており、スーパーやコンビニでもすぐに見つかります。

◆カカオ分七〇％以上のダークチョコレート（ハイカカオチョコレート）

カカオ含有量が多い、純粋な板チョコレートを選んでみましょう。甘いチョコレートやお菓子は、美味しくて幸せな気持ちになりますが、糖分を多く摂取することにもなります。

また、次項でも詳しく説明しますが、ポリフェノールを摂りたい場合は、ホワイトチョコレートではなくダークチョコレートを選んでください。ホワイトチョコレートは、カカオの成分のうちカカオバター（油脂）のみを使用しているため、ポリフェノールはほとんど含まれていません。ホワイトチョコレートって、クリーミーで美味しいですよね。私も好きですが、健康効果を求めるときはダークチョコレートを食べましょう。

カカオたっぷりのおすすめドリンク

チョコレートはおもしろいもので、温度によって固形にも液体にもなります。カカオの健康効果を期待したい方は、私が愛飲している、こんなドリンクをおすすめします。

◆ハイカカオチョコレートで作るチョコレートドリンク

じつは、私は液体のチョコレートが大好きで、チョコレートドリンク愛好家でもあります。チョコレートドリンクは美味しいだけでなく、カカオ分の高いダークチョコレートを使えば、ポリフェノールをたっぷり摂取できるのです。

私は仕事柄、多くの板チョコレートを味わいますが、その風味をより深く理解するために、ドリンクにして飲むこともあります。ドリンクにすると、風味がすぐに口の中で広がるため、味がわかりやすいのです。

◆ココア

カカオ分の高いチョコレートで作るドリンクだけでなく、ココアもぜひ！

ココアはカカオバターをほとんど取り除いたカカオの成分です。脂肪分を控えたいとき、私はよく飲むようにしています。

一九二四年に創業した日本のチョコレート原料メーカー「大東カカオ」の創業者である故・竹内政治《たけうちまさはる》さんは、六〇歳から毎朝ココアをご自身で作って飲んでおられ、一〇三歳でお亡くなりになるまで、大変お元気だったことで有名でした。

いきなりの「ハイカカオ」は禁物！

チョコレートはカカオ分が高くなるほど、健康によいとされています。でも「良薬は口に苦し」というように、やはり苦味も強くなってしまうんですよね。

この本を読んで「健康のためだから……」などと言いつつ、苦さを我慢して食べる人もいるかもしれません。

でもみなさん、いきなり無理しないでくださいね。ハイカカオチョコレートにあまり挑戦したことがない方は、**まずは、カカオ分六〇％台のチョコレートから味わってみる**のもよいと思います。少しずつ苦味に慣れてきたら、カカオの割合を上げてみてください。しばらくすると、ビターな味が好きになり「今ではカカオ七〇％以上が定番になりました」というような声を、よく耳にします。

あとは、固形のチョコレートをドリンクメーカーなどに入れ、温かいミルクとともにチョコレートドリンクにすると、マイルドになって美味しいですよ。

老化を防いでくれる「カカオポリフェノール」

「ポリフェノール」と聞くと、赤ワインや緑茶をイメージする方が多いと思います。でも、じつはチョコレートの原材料、カカオ豆にも豊富に含まれているのです。

カカオ豆に含まれるポリフェノールの健康効果は、近年、日本でも広く知られるようになってきました。

では、カカオポリフェノールは私たちに、どのような健康効果をもたらしてくれるのでしょうか？　ここでは、医学博士の板倉弘重《いたくらひろしげ》さんの著書『チョコレートの凄い効能』（かんき出版）や『ココア・チョコレート健康法』（近藤和雄・板倉弘重著、ごま書房新社）をはじめ、これまでに読んだ書籍、取材を通じて得た情報をもとに、私の理解をまとめてみたいと思います。

「活性酸素」を除去してくれる

まずカカオポリフェノールとは、チョコレートの原料となるカカオに由来するポリフェノールです。強い抗酸化作用があります。

抗酸化作用とはわかりやすくいえば、**私たちの体を酸化させる「活性酸素」をやっつけてくれる作用**です。

私たちの体にとって、酸素は必要不可欠なものです。絶え間なく酸素を吸い込んでいないと、生きていくことができません。しかし、空気を吸って取り入れた酸素のうち、じつは一～二％が体内で活性酸素に変わります。この活性酸素というのが、病気や老化の原因となるのです。

活性酸素は、私たちの体にさまざまな悪影響をもたらします。鉄は酸化するとボロボロになってしまいますが、それと同じように、私たちの体も活性酸素によって酸化すると、血管の状態が悪くなって血液がスムーズに流れなくなります。これが動脈硬化を引き起こしたり、心筋梗塞や脳卒中の原因になったりして、老化の一因にもなるのだそうです。

ここまで聞くと、活性酸素をやっつけたい、と思いますよね。そんなときに活躍してくれるのが、抗酸化作用のあるビタミンCやビタミンE、そしてポリフェノールです。このポリフェノールがうれしいことに、私たちが愛するチョコレートにも含まれているのです。

カカオポリフェノールの健康効果

カカオポリフェノールの健康効果をまとめてみます。

◆血圧低下

カカオポリフェノールは血管を広げる働きがあるため、血圧低下の効果が期待できます。

◆動脈硬化の予防（心筋梗塞や脳卒中の予防）

動脈硬化とは、動脈の血管が硬くなるなどして血液がスムーズに流れなくなる状態で、心筋梗塞や脳卒中の原因となります。カカオポリフェノールには、動脈硬化の原因となる「悪玉（ＬＤＬ）コレステロールの酸化」を防ぐ働きがあることがわかっています。

◆冷え性の改善

カカオポリフェノールは血管を広げる働きがあるので、血流がよくなるとされています。それによって冷え性の改善が期待できます。

◆アレルギーを防ぐ

アレルギー症状には活性酸素が関係していることがわかっていますが、カカオポリフェノールが活性酸素の働きを抑えてくれるため、抗アレルギー効果が期待できることが明らかにされてきています。

ほかにも多くの研究が行なわれ、カカオポリフェノールには、認知症の予防や記憶力の改善、胃炎や胃潰瘍《かいよう》、胃がんの危険因子にもなるピロリ菌の殺菌効果など、多くのうれしい効果が発表されています。カカオポリフェノールがもたらす健康効果については、これからも多くの研究が進むことでしょう。

効果的に摂取するためのポイント

ここまで読んで、「カカオポリフェノールの効果を得るために、どうやってチョコレートを選べばいいの?」と思った方へ、大事なポイントがあります。

それは、**パッケージに記載されたポリフェノールの含有量を確認すること**です。カカオ含有量(カカオ七〇%など)が目安にはなりますが、厳密には**カカオ分とポリフェノール量は必ずしも比例しません。**カカオ分のうち、カカオバターが多いチョコレートならば、ポリフェノールの含有量は少なくなるため、カカオ分だけでなく、ポリフェノールの含有量もチェックしましょう。

「チョコレート＝太りやすい」は間違いだった⁉

「チョコレートを食べると太る」と、ひと昔前はよくいわれました。もちろん、どんな食べ物でも食べすぎれば体重が増える可能性は高くなります。これはチョコレートに限ったことではありません。

チョコレートには砂糖や脂肪が含まれていますので、やはり食べすぎには注意しましょう。カロリーの摂取量が増えれば、太ることにつながります。

私は、仕事柄チョコレートを常に味わっていますが、「最近、食べすぎかな」と感じたら、すぐに食生活全体を見直してバランスを整えるようにしています。チョコレートを味わわない日はほとんどありませんが、その種類と量にはかなり注意を払っています。

一粒ずつ小分けにされたチョコレートやチョコレートアイスは、食べる量を簡単に調整できるのでとても便利です。また、チョコレートを使ったフローズンドリンクもサイズを選べることが多いので、そのときの体調に合わせて、量を決められるのがうれしいですね。

チョコレートとのいい距離感を見つけることが、いつまでも仲よく付き合うための秘訣です。みなさんも、チョコレートと上手にお付き合いくださいね。

カカオバターは太りにくい!?

ダイエット中だけれども大好きなチョコを食べたい方に、ここで朗報を一つ。チョコレートに含まれる**カカオバターは、じつはほかの油脂に比べて体に吸収されにくい**とされています。つまり、太りにくい油脂なのです。

普段食べているチョコレートにどんな油脂が使われているかは、パッケージの原材料表示を見ればわかります。多くのチョコレートにはカカオバターが使われていますが、ほかの油脂が加わっている場合もあります。

例えば、成分表に「植物性油脂」と書かれている場合、カカオバター以外の油脂が使われていることを意味しています。

チョコレートでダイエットは可能か？

たまに「チョコレートでダイエットできるのですか？」と聞かれることがありますが、これは答えが難しく、一概には言えません。

チョコレートは砂糖と脂質を含んでいるので、食べすぎには注意するべきだとお伝えしました。ただ、さまざまな研究や事例、専門家の書籍を調べてみると、人によっては食べるタイミングやチョコレートの種類をよく選ぶことによって、若干のダイエット効果があるかもしれない、という結果もあるようです。

比較的太りにくいチョコレートは、カカオ分七〇％以上のハイカカオチョコレートですが、どんなに健康にいいとされているチョコレートでも、食べすぎれば太りますし、体のためにならないのは言うまでもありません。体重が増える原因は、摂取エネルギーが消費エネルギーを上回ることです。余ったエネルギーは体に、脂肪として蓄積されてしまいます。

二〇一四年、ドイツで発表された「チョコレート・ダイエット」が、じつはウソだったことが判明した出来事をご存じでしょうか?

「毎日ダークチョコレートを食べると体重が減る」と発表された研究論文が、なんとでっちあげだったのです。当時は、世界中でニュースになりました。「チョコレートでスリムに」だなんて夢のような話ですから、多くのメディアが飛びつき、その結果誤った情報が世界中に広まってしまったのです。

この出来事から、私たちは「○○がダイエットにいい」「○○が体にいい」といった情報には、冷静に向き合う必要があることを学びました。

ダイエットを考えるうえでは、やはり一日の運動量や体調をしっかり見極め、チョコレートを取り入れたバランスのよい食生活を心がけることが大切です。

「ココア」はカカオのいいとこどり!

一九九六年、日本ではココアブームが巻き起こりました。ある人気テレビ番組で「ココアが健康にいい」と紹介され、またたく間に全国の店の棚からココアが消えてしまったのです。

あの騒動から三〇年が過ぎようとしていますが、ここ数年は再び「ココアって本当に体にいいんですか?」という質問をよく受けるようになりました。

カカオポリフェノールなど、カカオの健康効果が世間的にも知られるようになってきたので、「そういえば、ココアもカカオからできているんだっけ?」と気づく方が増えたのかもしれません。

ココアには油脂が入っていない

結論からいえば、ココアは体によいとされる飲み物です。なぜなら、ココアには、カカオに含まれる健康成分、抗酸化作用を持つカカオポリフェノールや食物繊維が多く含まれているからです。

ココアとは、42ページでもお伝えしたように、カカオ豆からカカオバター(油脂)をぎゅっと絞り出したあとに残る固形分「ココアケーキ」を、パウダー状に加工したもの。カカオの健康成分は、この固形分に集まっています。

油脂をほとんど摂ることなくカカオの健康成分を摂取できるのは、ココアならではの特徴です。

自宅には常にココアをストックしている私ですが、選んでいるのは砂糖が入っていないカカオ一〇〇%の純粋なココアです。カカオ一〇〇%のココアは、砂糖を入れるとき、ときどき黒糖に替えたりとアレンジもしやすいのでおすすめです。

チョコレートドリンクもあなどれない！

ココアとともに、カカオ分の高いチョコレートを使ったチョコレートドリンクも素晴らしいです。こちらも健康に気を使う方や、チョコレートの味が好きな方にぴったりな飲み物です。

チョコレートドリンクは口の中で風味が一瞬で広がり、固形よりも摂取するのがラクです。さらにココアもそうですが、**チョコレートドリンクをミルク（牛乳）ベースで作ると、カルシウムも摂取できる**というメリットもあります。

私はミルクが好きなので、大抵はミルクを使いますが、水でも問題ありません。カカオの風味をしっかりと楽しみたいときや、さっぱりとした味わいを求めるときには、水で作るのもおすすめです。

寒い冬には、私はホットチョコレートにシナモンをひと振り加えます。スパイスの香りに癒やされて、体がさらに温まります。

アステカ帝国の皇帝も愛飲していた

コーヒーショップは日本中にあるのに、どうしてチョコレートドリンクショップは見つからないのかな……。私はよく、そんなことを一人で考えています。もし、ココアやハイカカオのチョコレートドリンクをコーヒーのように手軽に提供してくれるお店があったら、日本人はもっと元気になるんじゃないかなと思います。特に、東京・丸の内のようなビジネス街にあれば、日本のビジネスパーソンのエネルギーはさらにアップしそう、なんて想像しています。

仕事の場などで「私は、長年ほぼ毎日欠かさずココアかハイカカオのチョコレートドリンクを飲んでいます」と話すと、よく「だから歩美さんは、いつも元気なんですね」なんて、おっしゃってくださる方もいます。

大東カカオの創業者、故・竹内政治さんが約四〇年ココアを毎日飲みつづけ、健康を維持されていたことは前にもお伝えしましたが、私が尊敬するある女性も、毎日欠かさずココアを飲んでいらっしゃいます。彼女は人生の先輩ですが、いつも美しく聡明、そしてお元気です。

さらに、一五世紀から一六世紀にかけて栄えた**アステカ帝国の皇帝は、健康のためにカカオをすりつぶしたドリンクを一日に五〇杯も飲んでいた**と伝えられています。

ココアやチョコレートドリンクを気軽に飲める時代に生まれた私たちは、運がいいのかもしれません。これからも私は楽しんで飲みつづけたいと思います。美味しくて健康にいいなんて、最高ですからね。

美容業界でも注目を集めている「カカオ」

私のまわりには、カカオ分の高いチョコレートを毎日コンスタントに食べつづけている女性たちがいます。

彼女たちは美容や健康への意識が高く、豊富な知識を持っています。「なぜ、ハイカカオチョコレートを食べるの？」と理由を尋ねると、みんな口を揃えて「ポリフェノールを毎日摂りたいから」と答えます。すごい！

私も、カカオ分の高いチョコレートをほぼ毎日味わっています。私の場合、チョコレートの味が好きなことが大きな理由なのですが、美容と健康のためにプラスになるなら素晴らしいですね。いわゆる「ギルティフリーな（罪悪感のない）おやつ」になるわけです。

カカオがもたらす美容効果

先ほどお伝えしたように、チョコレートに含まれるカカオポリフェノールの抗酸化作用は、老化を防ぐともいわれています。さらに、動脈硬化や冷え性の改善だけでなく、肌のトラブルの原因とも戦ってくれるのです。

◆シワやシミの予防

カカオポリフェノールは、年齢とともに増えるシワやシミの原因となる活性酸素の働きを抑えてくれるとされています。

◆便秘の解消

カカオには「リグニン」という食物繊維が含まれており、大腸の働きを活発にしてくれます。これによって、便秘の解消が期待できるのです。便秘は肌によくない影響をもたらすと考えられています。

ここでもう一度、思い出してくださいね。こういった効果を期待するなら、なるべくカカオがたくさん入ったチョコレート、カカオ分七〇%以上のハイカカオチョコレートを選ぶことを、お忘れなく。

カカオバターは肌にいい

ハンドクリームやリップクリーム、化粧品にもカカオが使われているのをご存じでしょうか?

カカオ豆から絞り出された油脂「**カカオバター**」**には保湿成分があるため、肌用のクリームなどに使われています。**チョコレートと同じで、ちょうど人間の体温で溶ける性質があるため、肌にのせるとスムーズに溶けて、のびてくれるのです。

以前、カカオバター入りのハンドクリームやリップクリームを友人からプレゼントしてもらったことがあり、チョコレート好きな私は、とてもうれしくなりました。最近は、カカオバターを使ったおしゃれなハンドクリームやソープを販売しているチョコレート店も見かけます。

二〇二三年一二月にカカオ生産地である西アフリカのガーナへ取材で訪れたときには、カカオバターを使った石鹸《せつけん》を見つけて自分へのお土産にしました。肌がすべすべになる感覚があって、とても気に入りました。

知らぬ間に恩恵を受けていた！

ある日のこと。私はカカオバター入りのリップクリームを塗った直後にココアを飲んでいて、はっとしました。それは私が日本で、赤道近くで収穫されたカカオ豆の恩恵を、二つのスタイルで同時に受け取っていることに気づいたからです。カカオの一部は、カップの中の温かいココアに、そしてカカオバターはおしゃれなリップクリームとなって、東京に住む私のもとに……。カカオは私の日常に寄り添い、美容と健康をサポートしてくれていました。

二〇二三年に美容業界の方を取材したとき、興味深い話を伺いました。**カカオには保湿効果の高い成分が含まれているため、近年、美容業界でとても注目されているそうです。**商品開発が進めば、カカオが美容と新たな関係を築くことでしょう。今後の展開がとても楽しみです。

先にお話しした女性たちは、上手にチョコレートを生活に取り入れていました。**ポリフェノールの抗酸化作用はすぐに発揮されるものの、長時間の効果は期待できません。**そういった正確な知識を持ったうえで、こまめに時間差で味わっていたのもさすがです。

あまりストイックになりすぎるのも大変ですが、美味しく食べて、美容と健康を維持しようとする意識の高さ、何より常に正しい情報を得ようと心がける姿は、見習うべきだと感じました。そんなポジティブな姿勢も、美しさや健康を保つ秘訣なのかもしれません。

チョコレートは脳と心にもいい！

じつは、チョコレートには脳や心によい影響を与える成分が含まれていることがわかっています。

特に**カカオに含まれる「テオブロミン」は、脳内のセロトニンに働きかけ、集中力を高める**とされています。ぜひ、仕事や勉強をするときや、「ここぞ」という重要な会議やプレゼンテーションの前には、ハイカカオチョコレートを食べてみてください。「仕事にチョコは欠かせない」と話す人に数え切れないほど出会ってきましたが、それは理にかなっているのです。

「テオブロミン」という成分の名前は、カカオの学名であるテオブロマ（ギリシャ語で「神様の食べ物」）に由来していて、**カカオ以外の植物にはほとんど含まれていない**ことがわかっています。なんとも稀少な成分です。

さらに、テオブロミンは心を穏やかにし、幸せな気持ちをもたらしてくれるともいわれています。実際に、日本チョコレート・ココア協会によると、二〇一四年にスイスで行なわれた試験では、ハイカカオチョコレートを食べることがストレスの軽減に役立つと報告されたそうです。

カフェインよりもテオブロミン

「チョコレートにはカフェインが入っているそうですが、夜食べると眠れなくなりませんか？」という質問を受けることがあります。これは、先ほどの鼻血の話でも触れましたが、コーヒーと比べるとわかりやすいです。

結論からいうと、チョコレートにはカフェインがたしかに含まれています。しかし、その量はわずかです。74ページの例をもとに計算すると、レギュラーコーヒー一杯に含まれるカフェイン量は約九〇ミリグラムなので、同じ量のカフェインを摂るためには、ミルクチョコレート（五〇グラム）を四枚以上、また、ハイカカオチョコレート（五〇グラム）なら二枚以上食べなくてはなりません。

ミルクチョコレートの板チョコを四枚以上食べて、ようやくコーヒー一杯と同じ量のカフェインになるわけです。いくらなんでも、板チョコを一気に四枚も食べる人はいないでしょう。カフェイン量は、あまり気にしなくて大丈夫です。

ただ、もちろんこれはあくまで目安で、チョコレートの種類やメーカーによっても計算が異なるため、どうしてもカフェイン量が心配な方は医師に相談することをおすすめします。

一般的なチョコレートのカフェインの含有量は少ないですが、一方で**テオブロミンはカフェインの約一〇倍もの量が含まれている**とされています。

そのため、チョコレートからの影響は、カフェインよりもテオブロミンによるものが大きいといえるでしょう。

懐かしい記憶と結びつく

またチョコレートは、私の場合、ノスタルジーとつながっています。**自分だけの懐かしい記憶や大切な思い出が、チョコレートの味や香りと結びついているように思うのです。**

みなさんは、かつて日本で放送されていた「ヴェルタースオリジナル」のテレビCMをご存じでしょうか？

私のおじいさんがくれた初めてのキャンディー。それはヴェルタースオリジナルで、私は四歳でした。その味は甘くてクリーミーで、こんな素晴らしいキャンディーをもらえる私は、きっと特別な存在なのだと感じました。

今では私がおじいさん、孫にあげるのはもちろんヴェルタースオリジナル。なぜなら、彼もまた、特別な存在だからです。

（二〇〇三年頃に放送されたヴェルタースオリジナルのテレビCMの一節）

私にとってチョコレートは、祖父母の笑顔とつながっています。幼かった私に、チョコレートを買ってくれた優しいおじいちゃん。そしてチョコのお菓子をいつも一緒に買いに行ってくれたおばあちゃん。亡くなった二人の優しい笑顔は、チョコレートを通して今も私の心に生きつづけています。

みなさんにも、そのような思い出はありませんか？

懐かしい記憶や思い出は消えることなく、大人になってからも自分を支え、心を癒やしてくれることがありますね。

もちろん栄養やバランスを考えることも大切ですが、ときにはそれらを全部忘れて、思い出のチョコレートや大好きなチョコレートを、美味しく味わう時間を持ちましょう。

そんなあなただけのチョコレートの時間こそが、心の栄養となって、あなたの人生を輝かせてくれるような気がします。

一日の摂取量の目安は、板チョコ半分!?

「チョコレートは、一日にどのくらい食べてもよいのでしょう?」

そんな質問に対する答えをまとめておきます。

もちろん正確に把握したい方は、個人の体調や体質を踏まえるべきですので、必ず医師に相談してください。ここでは一つの指標として、日本チョコレート・ココア協会の公式サイトにある回答を引用してみます。

厚生労働省・農林水産省による「食事バランスガイド」では、「菓子・嗜《し》好《こう》食品は一日に二〇〇キロカロリーを目安とする」とあります。これは一日に食べるいろいろな菓子・嗜好品の総カロリーです。

板チョコレートですと約三五グラムが二〇〇キロカロリーに相当しますが、その日の食事や体格や年齢によっても変わるものですから、あくまでも目安です。

つまり、**おやつの目安は一日当たり板チョコレート約三五グラム**であり、五〇グラムの板チョコの半分より少し多いくらいだとわかります。

ただし、チョコレートには個体差があるため、一概には言えません。食べる予定のチョコレートのカロリーは、確認するようにしましょう。また、チョコレート以外のお菓子も食べる予定があれば、合計で一日二〇〇キロカロリーを目安にして、チョコの量は少し減らすほうがよさそうです。

ミルクもビターも、カロリーは変わらない!?

カロリーベースで一日の摂取量を考えたとき、「ダークチョコのほうが、ミルクチョコよりもカロリーが低いからたくさん食べられますよね」などと、多くの人が思い込んでいるかもしれませんが、これは間違いです。

スーパーやコンビニに並ぶおなじみの板チョコレートを比較すると、**ダークチョコレートとミルクチョコレートのカロリーはほとんど同じです。**逆に、ダークチョコのほうがミルクチョコよりもカロリーが高いこともあります。

二〇二四年時点の食品メーカー各社の公式サイトによると、以下のようなカロリー表示がされています（すべて五〇グラム当たり）。

明治ミルクチョコレート　：二八三キロカロリー
明治ブラックチョコレート：二八八キロカロリー
ガーナミルク　　　　　　：二七八キロカロリー
ガーナブラック　　　　　：二八七キロカロリー

ミルクチョコレートが好きだけれど、太りそうなイメージがあって、心配してダーク（ブラック）チョコレートを選んでいたみなさん。ちょっと安心しましたか？

ハイカカオチョコレートも高カロリー

もう一つの誤解は「ハイカカオチョコレートはカロリーが低い」と思い込んでいること。

じつはこれも、一概には言えません。

カカオ分七〇％以上のチョコレートは、ほかのチョコレートとカロリーはほぼ同じ、あるいはやや高めであることもあります。

なぜなら、ハイカカオチョコレートは砂糖は少ないのですが、カカオバター（脂質）はしっかり含んでいるからです。

やはり、どんなチョコレートも、食べすぎには注意しましょう。

本章では、チョコレートやカカオと私たちの健康、美容について解説してきました。

カカオには、よい成分が豊富に含まれています。

ただ、健康効果は期待できるものの、チョコレートは万能薬ではありません。あなたの体調や体質に合わせて、心配なことがあれば医師に相談しながら、うまく食生活に取り入れて、長く仲よくお付き合いしていただきたいと思います。

私もそうです。これからもずっと、チョコレートといい関係をつづけていくつもりです。

みなさんも健康に気をつけながら、末長くチョコレートを楽しんでくださいね！

Column

私の推しチョコ パフェ・ケーキ編

東京・銀座は「チョコレートの街」ともいわれています。多くの高級チョコレート店が集まっているからです。

銀座には、時代を超えて愛されているチョコレートパフェが、たくさんあります。ここでは、私が銀座で何度も味わってきたチョコレートパフェを、二つご紹介します。

資生堂パーラー　チョコレートパフェ

「資生堂パーラー 銀座本店サロン・ド・カフェ」に、歴史あるチョコレートパフェがあります。

チョコレートソース、自家製バニラアイスクリームとチョコレートのアイスクリーム、生クリーム、バナナ、アーモンドスライス、ダンテル（薄いクッキー）がグラスの中に。昭和の時代から、基本となるレシピは同じです。

銀座で多くの人に幸せを届けてきたチョコレートパフェ。このパフェしか持ち得ない存在感があります。

ピエール マルコリーニ　パフェ オ ショコラ

ベルギーの有名ショコラトリー「ピエール マルコリーニ」の「パフェ オ ショコラ」は、2001年から人気のチョコレートパフェ。複数のカカオ豆をブレンドし、ベルギーで作られたチョコレートを使用したアイスクリームとチョコレートソースの風味がよく、バニラアイスクリームと無糖の生クリーム、爽やかなフレッシュバナナの香りが、一層カカオの風味を引き立てます。

トッピングされた正方形の薄いチョコレート「サブール デュ モンド」からはカカオの風味をじっくり楽しめます。

チョコレートは、ケーキになっても美味しいのです。

濃厚なガナッシュ、パリッとした薄い板チョコ、サクサクのクランブル、ふんわりしたスポンジなど、食感のバリエーションも楽しいものです。ケーキからはチョコレートの新しい一面を発見することができます。

ミュゼ・ドゥ・ショコラ テオブロマ　サンホアキン トレス

「ミュゼ・ドゥ・ショコラ テオブロマ」は、1999年にショコラティエの土屋公二《こうじ》さんが創業した、東京・渋谷区にあるチョコレート専門店です。「サンホアキン トレス」は、チョコレート好きのためのケーキです。

チョコレートクリームとチョコレートのスポンジを6層に重ね、トップはチョコレートのグラサージュ（糖衣《とうい》）。何度かバージョンアップしていて、現在のトレスは3代目です。

小麦粉不使用のケーキで、チョコレートはマダガスカル産のカカオ豆を主に使用し、そのフルーティーな風味を生かしています。

ピエール・エルメ・パリ　プレジール シュクレ

パティスリー界のピカソと称賛される、ピエール・エルメによるチョコレートケーキ「プレジール シュクレ」はミルクチョコレートの風味と食感を楽しめる名作。立体的な美しいヴィジュアルとともに、その名の通り「甘い喜び」を届けてくれます。

ミルクチョコレートのなめらかなクリームがとろり、ヘーゼルナッツがカリカリッ、薄いミルクチョコレートの板がパリッ、プラリネフィユテやダックワーズはサクッ。複数の層で構成され、テクスチャーのコントラストと味のハーモニーに心が躍ります。販売は不定期なので、見つけたらぜひ味わってみてください。

3章

チョコレートの歴史はおもしろい！

カカオには、五三〇〇年の歴史がある！

中国四〇〇〇年の歴史、とはよくいわれますが、じつはカカオはもっとすごく、五三〇〇年もの歴史があります。

チョコレートの物語は、紀元前三三〇〇年からスタートします。なんだかもう、気が遠くなるほど昔ですが、この章では、これまで私がたびたびメディアでお答えしてきたことを中心に、チョコレートの歴史をお届けします。

カカオの歴史を書き換える大発見

カカオ五三〇〇年の歴史――。ここまで長い歴史があることがわかったのは二〇一八年と、つい最近のことです。それまでは、カカオと人類の関わりは四〇〇〇年ほどだとされていました。そして、人類がカカオを味わいはじめたのは、メソアメリカ（メキシコの一部、ホンジュラス、ベリーズ、グアテマラ周辺）だった、といわれていたのです。

しかし、その定説を覆す大発見がありました。世界中のチョコレート関係者がびっくり！　もちろん私もびっくり！

二〇一八年に、カナダとアメリカの専門家を中心とする研究チームが、**エクアドル南東部のサンタ・アナ・ラ・フロリダ遺跡で、紀元前三三〇〇年頃に作られた、カカオが入った飲み物用の器を発見した**のです。これによって、カカオと人類の歴史は、およそ一三〇〇年も長くなりました。

しかも新たに、カカオのルーツは中米ではなく南米だったことがわかりました。歴史が書き換えられたのです。

カカオと人類の付き合いは長く、今後も新たな研究や発見によって、その歴史はさらに遡る可能性があります。

カカオのルーツについては諸説ありますが、一般的には**南米のアマゾン川上流と**されています。カカオの故郷は南米であり、**人類がカカオを食用目的で利用しはじめたのもエクアドルであった**ことが確認されています。

その後、カカオは南米から中南米へと伝わっていき、メキシコで作物として栽培されるようになりました。

その昔、カカオを口にできたのは……

古代メキシコとカカオには、深い関わりがあります。メキシコ湾岸地域ではオルメカ文明、ユカタン半島ではマヤ文明、そして内陸部ではアステカ文明が栄えました。いずれも高度な古代文明です。

これらの文明において、カカオは非常に貴重な存在でした。今でこそチョコレートは私たちの日常的なおやつとなっていますが、もし私たちが当時のメキシコに生まれていたら、気軽に楽しむなんてとんでもない！　**カカオを口にできたのは、王**

族や特権階級の人々だけでした。また、神聖なものとされていたため、神々への捧げ物としても使われていました。カカオは特別で高価なものだったので、一般の人々がカカオを味わう機会はなかったのです。

貨幣として使われていた!?

カカオの価値を物語る象徴的なエピソードがあります。それは、**カカオ豆自体が貨幣として使われていた**ことです。

マヤ文明やアステカ文明では、カカオ豆そのものがお金でした。カカオ豆は食材だけではなく、物々交換や支払いのための手段でもあったのです。

カカオ豆がお金――。ここでイメージしてみてください。現代に置き換えれば、お財布の中に誰もがカカオ豆を入れていて、レジで「全部でカカオ豆何粒です」と言われ、店員さんにカカオ豆を手渡すようなものです。

そんなお金になるものを、毎日すりつぶして飲む人がいたらギョッとすると思いますが、かつての王様は、実際にカカオ豆を飲み物にして毎日飲んでいたと伝えられています。貨幣でありながら、それを味わえるという贅沢さが、彼らの特別な地位を物語っています。

貨幣としてのカカオの価値については、一五四五年頃の記録によると、

熟れたアボカド一個　＝　カカオ豆一粒
七面鳥の卵一個　＝　カカオ豆三粒
野兎《のうさぎ》　＝　カカオ豆一〇〇粒
雄の七面鳥　＝　カカオ豆二〇〇粒

とされています。当時の食生活も、垣間見えますね。

カカオ豆が貨幣になった理由は、**硬くて割れにくく、扱いやすかった**からでもあるようです。現代の私たちは、かつて貨幣だったカカオを日常的に味わえるのですから、まるで古代の王様のようですね。

アステカ帝国の征服によって、スペインへ渡る

カカオは南米から中南米のメキシコで育っていたのに、どうして海を越えてヨーロッパに渡り、チョコレートになったのでしょうか？

ここでは、そんな疑問にお答えします。

カカオがヨーロッパに渡ったのは、今から約五〇〇年前のこと。**一五二一年にスペイン人の征服者、エルナン・コルテスがメキシコシティにあったアステカ帝国を征服したのち、カカオはスペインへと運ばれていった**のです。

さて、エルナン・コルテスについてお話しする前に、ここで大航海時代の有名な探検家、あのクリストファー・コロンブスにまつわる話をしましょう。

カカオとコロンブスの意外な関係

クリストファー・コロンブスとカカオには、じつは意外な関係性があります。彼は、**ヨーロッパ人で初めてカカオ豆に出会った人物**とされているのです。

ときは一五〇二年、スペイン人がアステカ帝国を征服する前のこと。コロンブスは、四回目（最後）の航海に出たときに、ホンジュラス沖のグアナハ島で、マヤ人が乗った大きな交易船に遭遇しました。

船には、根菜やトウモロコシ、そして「アーモンド」と当時は考えられていたものが積まれていました。

このときのことを、コロンブスの息子のフェルナンドは『提督クリストバル・コロンブスの歴史』のなかで、こう書いています。

（船の中には）根菜類や穀物、トウモロコシ、たくさんのアーモンドがあった。

アーモンドは、非常に高価なものらしかった。こぼれ落ちると、人々はまるで目玉でも落としたかのように、大慌てでしゃがんで拾っていた。

じつはこの「アーモンド」こそが、カカオ豆だったのです。

しかし、コロンブス自身はこの「アーモンド（カカオ豆）」にはあまり関心を持たず、それ以上深く掘り下げることはありませんでした。

それもそのはず、彼にとって重要だったのは、新航路を開拓し、インドへ到達することだったからです。結果的に、コロンブスによってカカオがヨーロッパにもたらされることはなく、ヨーロッパでカカオが広まるのは、もう少しあと。スペイン人による、アステカ帝国征服後のことになります。

アステカ帝国からの貢物として……

イタリア人のコロンブスがカカオ豆を見かけてから一七年後、今度はスペイン人の征服者エルナン・コルテスが、メキシコでカカオと出会うことになります。

一五一九年、スペイン国王の命を受けて新たな領土の征服に向かったコルテスは、海を渡り、現在のメキシコに到着しました。彼の目的は、スペインの勢力を広げること。コルテスは、湖の上に建設された美しい都市、アステカ帝国の首都テノチティトラン（現在のメキシコシティ）にたどり着きます。

そこで、アステカ帝国の皇帝モクテスマ二世と面会したコルテスは、**ヨーロッパ人で初めて、カカオから作られた飲み物「ショコアトル」を味わった**とされています。おそらくそのときの感想は「うわっ、美味しくない……」だったかもしれませんが、それはさておき、彼はカカオがいかにこの地で大切にされているかを目の当たりにしました。

味はともかく、アステカの皇帝が健康のために愛飲していたカカオを知り、コルテスはその価値を見抜きます。そして**一五二一年、アステカ帝国を征服し支配下に置いたスペインは、貢物《みつぎもの》としてカカオを受け取るようになりました。**これがきっかけとなって、スペイン人はカカオ豆を母国へ持ち帰ることとなります。

昔はとんでもない味だった!?

先ほど「うわっ、美味しくない……」などと思わず書いてしまいましたが、その理由は、当時のショコアトルの味は、極めて独特だったからです。

その証拠に、当時メキシコに滞在していたイタリアの探検家ジローラモ・ベンゾーニはこう記しています。

「人類よりは、豚にふさわしい飲み物のように思える」

かなり表現が強めですよね（笑）。

当時のショコアトルは、カカオに唐辛子や

トウモロコシを混ぜてすりつぶし、水を加えただけのドロッとした飲み物でした。そのドロッとした苦い味が口に合わず、スペイン人は「どうにかせねば……」と考えたのでしょう。この飲み物にハチミツや砂糖を加えました。

素晴らしいレシピの誕生です。これこそが、現在私たちが知る、甘くて美味しいチョコレートドリンクのルーツなのです。

ショコアトルは、コルテスやキリスト教の修道士らによってスペインに伝わり、貴族階級の人々を魅了しました。

貴族たちがどれほど魅了されたかといえば、スペイン国王フェリペ二世がポルトガルを併合したときに、**ポルトガル宮廷に「宮廷ココア担当官」（チョコラティロ）を設けたほど**です。ココアへの本気度が違いますね。

そしてその後、エキゾチックで健康にもよいとされるチョコレートドリンクはスペインで大切に守られ、約一〇〇年もの間、国外に持ち出されることはありませんでした。

フランスに伝わったきっかけは、チョコ好き王妃の結婚!?

メキシコからスペインに伝わったチョコレートは、その後フランスへと広がっていきます。

そのきっかけは、フランス国王と、スペイン国王の娘が結婚したことです。

一六一五年、フランス国王ルイ一三世のもとに、スペイン国王フェリペ三世の娘であるアンヌ・ドートリッシュが嫁ぎました。二人とも、わずか一四歳のティーンエイジャーです。

ハプスブルク家出身の**アンヌ王妃《おうひ》は大のチョコレート好きで、お嫁に行くとき、チョコレートを作るための侍女《じじょ》を連れていったほど。**チョコレートのためだけに侍女を置くとは……さすが一国の王妃ですね。

また、この結婚に向けた贈り物のなかには、砕いてお湯と砂糖を加えて飲むためのカカオの塊《かたまり》、つまりチョコレートドリンクの素が含まれていました。

この出来事がきっかけとなり、スペインで楽しまれていたチョコレートドリンクがヴェルサイユ宮殿に知られることになります。

またまた、チョコレート好き王妃が嫁ぐ！

さらに、あるもう一つの結婚も、チョコレートがフランスの宮廷に広がるきっかけとなりました。

それは、先ほどのチョコレート好きなアンヌ王妃の息子、フランス国王ルイ一四世の結婚です。

一六六〇年、ルイ一四世のもとに、スペイン国王フェリペ四世の娘が嫁いできました。**このスペイン国王の娘も、またもや大のチョコレート好きだった**のです。

新しい王妃の名前はマリア・テレサ。彼女もまた、結婚の際にスペインからチョコレートの調理人を連れてきました。

いやはや、相当なチョコ好き王妃たちです。アンヌもマリアもそうですが、チョコレート調理をするためだけに人を連れてこれるなんて、当時の王妃くらいでしょうね。

こうして、フランス国王のもとには二世代にわたってチョコ好きの王女が嫁いできました。

これによって、チョコレートドリンクはフランスの宮廷に広がっていったのです。

ユダヤ人が定住した「チョコレートの街」

フランスでは宮廷からチョコレートドリンクが広がったと書きましたが、例外もあります。フランスとスペインの両国にまたがるバスク地方の中心都市、バイヨンヌ（フランス）では、早い時期から一般市民がチョコレートを楽しんでいました。

この地に、**スペインやポルトガルから亡命したユダヤ人たちが定住し、チョコレート作りを伝えた**のです。

一六八七年には、すでにバイヨンヌ市内でチョコレートが作られ、販売が始まっていました。一八五六年には三〇を超えるチョコレート工場が存在し、一八七〇年には一三〇人ものチョコレート職人が働いていたとされています。

今でもバイヨンヌには多くのチョコレート店があり、かつての名残があります。フランスのチョコレート発祥の地ともいわれ、毎年チョコレートの祭りが開催される「チョコレートの街」なのです。

昔のチョコレートは飲み物で薬だった

チョコレートと聞いて、あなたは「固形」を思い浮かべますか？　それとも「液体」を思い浮かべますか？　きっとほとんどの人が「固形」と答えるでしょう。板チョコやチョコ菓子などの、食べるタイプを思い浮かべたと思います。

しかし、ひと昔前は逆で、ほぼ全員が「液体」と答えたはずです。その理由は、ここまで読んでくださったみなさんならおわかりかと思いますが、チョコレートは長い間、飲み物だったからです。

え、ほんとですか！　という声も聞こえてきそうですが、**チョコレートが固形になったのは約一八〇年前のこと。**カカオの五三〇〇年の歴史から考えれば、ごく最近の出来事です。

ロンドンで「チョコレートハウス」が開店

さて、イギリスのチョコレートドリンクについて、お話ししましょう。

フランスやスペインでは、チョコレートは宮廷で広がったのに対し、イギリスではすぐに一般市民へと広がりました。

一六五〇年頃にチョコレートがイギリスに伝わり、**一六五七年にはロンドンに「チョコレートハウス」がオープンしました。**

チョコレートの家……魅力的な名前ですよね！「チョコレートハウス」とは、大人のための社交場で、文化人や政治家たちが出入りして、政治や経済について語ったり、賭け事を楽しんだりする場所のこと。ここでは、当時は高価だったチョコレートが提供されていました。

日本チョコレート・ココア協会の公式サイトによると、その頃のイギリスの週刊誌『ニーダムの政治報道』の一六五九年の広告からは、当時のチョコレートハウスの様子がうかがえます。

西インド渡来のすばらしい飲み物、チョコレートを、ビショップスゲート通り、クイーンズヘッド小路にて販売中。

店主は、以前グレイスチャーチ通りやクレメント教会境内《けいだい》でも店を出していたフランス人で、わが国で最初にチョコレートを売り出した人物。その場で飲むもよし、材料を格安で買うもよし、用い方も伝授。

その優れた効能はどこでも大評判。万病の治療、予防に効果あり。効能を詳しく解説した本も同時に販売中。

非常に興味深い内容です。チョコレートが液体だったことも読み取れますが、「万病の治療」とあるように、**なんと当時は薬として用いられていたのです!**

また「西インド」とは、当時イギリスの植民地であったジャマイカ島のことを指しています。そのため、**ジャマイカ産のカカオからチョコレートドリンクが作られ**

ていたことも、この資料からわかりますね。

グアムに「チョコレートハウス」がある理由

「チョコレートハウス」は、グアムにも存在しています。場所は、グアムの中心都市ハガニアにある「プラザ・デ・エスパーニャ（スペイン広場）」です。

スペイン統治下だったグアムには、一七三六年から一八九八年までスペイン総督邸があり、その庭にチョコレートを提供する小さな建物がありました。

この「チョコレートハウス」は、今もその形をとどめています。実際に訪れたことがある方はいらっしゃるでしょうか？

白い壁に褐色の瓦屋根《かわら》の「チョコレートハウス」は、スペイン総督夫人がお客様にチョコレートドリンクを振る舞ったとされている建物です。

スペインにはその頃、**午後に温かいチョコレートドリンクを提供する風習**があったので、チョコレートハウスができたのでしょう。

私は、一九九〇年の終わり頃にグアムを訪れたときに、偶然「チョコレートハウス」を見つけました。

放送局に勤めていた頃で、気分転換に海や自然を楽しむためにグアムへ出かけたはずが、今、振り返ると最も鮮明に記憶に残っているのは「チョコレートハウス」です。チョコレートジャーナリストとして活動しはじめる前のことですが、やはり当時からチョコレートが好きだったからでしょう。

スペインでチョコレートドリンクがいかに流行していたのか。その歴史を、今でもグアムの「チョコレートハウス」が伝えてくれています。

絵画の女性が運んでいるもの

ちなみに、チョコレートがドリンクだったことがよくわかる、世界的に有名な絵画のお話もしておきますね。

オーストリアで活躍したスイス人画家のジャン・エティエンヌ・リオタールが、一七四五年頃にウィーンで描いたパステル画『ショコラを運ぶ女性』（次ページ参照）です。

この作品はチョコレート店に飾られたり、チョコレート関連の書籍に掲載されたり、さらにはチョコレートのパッケージなどにも使われています。チョコレート好きな方なら、きっとどこかで見たことがあるはずです。

描かれているのは、トレイにのせたチョコレートドリンクを運ぶ女性の姿です。**チョコレートドリンク専用のカップとソーサー、そしてお水をトレイにのせ、こぼさないように慎重に歩く様子**は、見る人を引き込むような魅力があります。

『ショコラを運ぶ女性』

チョコレートが飲み物として貴族に親しまれていた当時、
召使いがこぼさないように緊張した面持ちで
運んでいた様子がわかる。

提供：Artothek/アフロ

「チョコレートの四大発明」とは？

「チョコレートの四大発明」とされるものがあります。

これら四つの偉大な発明がなければ、私たちは今のように美味しいチョコレートを楽しめていなかったかもしれません。

チョコレートを美味しくしてくれた先人たちに感謝しつつ、一つずつ説明していきますね。

その① ココアパウダーの発明

ココアファンのみなさん、オランダ人のクーンラート・ヨハネス・ヴァン・ホーテンさんに感謝しましょう！　彼は一八二八年にココアを発明してくれました。44ページでも紹介しましたが、ヴァン・ホーテンさんは**カカオ豆からカカオバター（油脂）を取り除き、固形部分を粉末状にする技術を開発しました。**この技術によって、ココアパウダーが誕生したのです。

さらに彼は、アルカリ処理をほどこす「ダッチプロセス」を用いて、酸味が少なく、より溶けやすいココアパウダーを作り出しました。この技術は、現在もココア製造に役立てられています。

今日では、ココアパウダーは家庭で楽しまれるだけでなく、その多様な用途から製菓にも広く利用されています。まさにチョコレートを語るうえで欠かせない、偉大な発明だといえるでしょう。

その②　固形チョコレートの発明

チョコレートが、飲み物から食べ物に変わりました！　「イーティングチョコレート」、つまり**固形のチョコレートが誕生したのは、一八四七年のこと**です。

それまでは飲み物だったチョコレートを固形にしたのは、イギリスのジョセフ・フライさんです。

彼はココアパウダー、砂糖、カカオバターを混ぜ合わせた固形チョコレートを、一八四七年に完成させました。この発明によって、いろいろな形のチョコレートを作れるようになり、保存もしやすくなりました。

それ以前にも、固形のチョコレートは局所的に作られていましたが、フライさんの成功はイギリスに非常に大きな影響を与え、その後、多くのチョコレートメーカーが固形チョコレートの生産に乗り出すこととなりました。

先ほどの絵画『ショコラを運ぶ女性』のように、慎重にこぼさないように運ぶだけでなく、ポケットに入れて持ち運べるようになったチョコレート。これによって多くの人々に届きやすくなり、チョコレートは世界中で普及していきました。

その③　ミルクチョコレートの発明

チョコレートとミルクの、素晴らしい出会いに拍手！

一八七六年、スイス人のダニエル・ピーターさんが、初めてミルクを加えたチョコレートを作り出しました（一八七五年説もある）。

今日のミルクチョコレートの誕生です。

もともと油脂の多いチョコレートは、水分の多いミルクと混ざりにくいものでした。しかし、ピーターさんはスイスのアンリ・ネスレが開発した**粉ミルクを使用することで、ミルク風味のクリーミーなチョコレートを生み出すことに成功した**のです。

ミルクチョコレートの登場によって、チョコレートの普及はさらに加速し、世界中の人々に愛されるようになりました。

その④ コンチングの発明

チョコレートがなめらかに口どけるのは、リンツさんのおかげです！

一八七九年、スイスのルドルフ・リンツさんが、チョコレートの口どけをよりなめらかにするための機械を発明しました。その名も「コンチングマシン」。

この機械は、**チョコレートを細かくすりつぶしたあと、強く攪拌《かくはん》する（かき混ぜる）ことで風味をまろやかにし、なめらかな舌触りを実現する**ものです。この工程によって、それまでザラザラしていたチョコレートは格段になめらかになり、さらに熱を加えて練ることによって酸味がやわらぎ、チョコレートがより美味しくなりました。コンチングは、現代のチョコレート製造にも欠かせない工程です。

このように、「チョコレートの四大発明」は、チョコレートの形状や味わい、テクスチャーに革命をもたらし、現代のチョコレート産業の礎を築いたのです。

日本で最初に食べたのは、長崎県の遊女だった!?

南米で生まれたカカオは中南米、ヨーロッパへと伝わり、チョコレートとしてヨーロッパ各地に広がっていきました。

それでは、私たちが暮らす日本にはいつ、どのように入ってきたのでしょうか？ そしてどのように広がっていったのでしょうか？ そんな疑問にお答えします。

偉人とチョコレートの意外な接点

まず、日本に初めてチョコレートが伝わったことがわかる、**最も古い記録は長崎県にあります。**

ときは江戸時代。一七九七年に、遊女がチョコレートを長崎の出島のオランダ人から受け取ったとする記録が残されています。それは、長崎の有名な遊郭街・丸山町の『寄合町諸事《よりあいまちしょじ》書上控帳《かきあげひかえちょう》』で、遊女の貰《もら》い品目録に**「しょくらあと六つ」**と書かれていることからわかります。「しょくらあと」とは、チョコレートのこと。チョコレートを六つ、受け取ったということです。

さらに一八六七年、パリで開催された万国博覧会に江戸幕府の代表として赴《おもむ》いた、第一五代将軍徳川慶喜《よしのぶ》の弟で水戸藩主の**徳川昭武《あきたけ》がフランス・シェルブールのホテルでココアを味わった記録も残っています。**

つづいて明治時代。かの有名な岩倉使節団も、チョコレートと深い関わりがあります。

一八七三年、岩倉具視《ともみ》を特命全権大使とする使節団が、フランスを訪れました。このとき、**使節団はパリ郊外のチョコレート工場を視察し、チョコレートを味わったと**されています。この出来事は『特命全権大使　米欧回覧実記《べいおうかいらんじつき》』に記録されています。

日本初のチョコレート製造は、東京の両国にて

使節団が伝えたチョコレート情報をキャッチし、日本で初めてチョコレートを作ったのは、**東京の両国《りょうごく》若松町にあった菓子店「米津凮月堂《ふうげつどう》」（のち東京凮月堂）の米津松造さん**です。

東京凮月堂の社史によると、一八七八年一二月二一日の『郵便報知新聞』に「この度、ショコラートを新製せるが、一種の雅味《がみ》ありと。これも大評判」と書かれたようです。また、同年一二月二四日付『かなよみ新聞』の広告には、チョコレートが「貯古齢糖」と表記されています。

ただ、今では想像しづらいのですが、当時の日本ではチョコレートを、あやしげな食べ物と見なす人が多かったようです。

珍しいうえにとても高価だったので、購入するのは一部の裕福な人や居留地に住んでいた外国人などに限られていました。

チョコレート産業の先駆は「森永製菓」

そんな日本でチョコレート産業が芽生えたのは、一八九九年、アメリカで西洋菓子の製菓技術を学んだ森永製菓（以下、森永）の創業者・森永太一郎さんが帰国してからのことです。

森永太一郎さんが作った「森永西洋菓子製造所」（現在の森永製菓）は、いち早くチョコレートクリームを製造して販売し、**一九〇九年には、日本初の板チョコレート「1／4ポンド型板チョコレート」を発売しました。**

さらに、森永は一九一八年、日本で初めてカカオ豆からチョコレートの一貫製造をスタートしました。これによって、**チョコレートの大量生産が可能になった**のです。

その後、明治製菓（現在の明治）が森永につづき、一九二六年にカカオ豆からチョコレートの一貫製造を開始しました。

両社がチョコレートの大量生産を始めたことで、多くの日本人にチョコレートが届くようになり、消費量も次第に増加していったのです。


第二次世界大戦中はチョコレートの製造がストップしたものの、戦後には再開します。チョコレートの人気は、雑誌や新聞広告を通じて広がっただけではありません。

一九五一年に民放ラジオの放送が始まり、一九五三年にはテレビ放送もスタート。放送メディアによっても、その魅力は全国に伝わっていきました。

日本のバレンタインが始まったきっかけ

二月一四日はバレンタインデーです。

日本のバレンタインデーは、昭和時代に「女性が男性にチョコレートを贈り、愛を伝える日」として定着しました。そして近年は、「チョコレートを通じて愛情や感謝を表す日」へとシフトしつつあります。

世界を見渡してみても、**バレンタインがこれほどチョコレートと深く結びついている国は、じつは日本だけ**です。

それでは、日本のバレンタインデーがなぜチョコレートを贈る日となったのか、その歴史を振り返ってみましょう。

バレンタインの芽生え

日本でバレンタインデーとチョコレートが結びついたのは昭和初期、一九三〇年代のことです。

一九三二年、神戸でチョコレートを製造・販売していた**神戸モロゾフ製菓（現在のモロゾフ。以下、モロゾフ）が、自社のカタログにバレンタインギフト向けのチョコレートを掲載**しました。モロゾフがバレンタインデーとチョコレートを結びつけたきっかけは、当時の創業者が、欧米には二月一四日に愛する人に贈り物をする「バレンタインデー」という習慣があると知ったことでした。

さらにモロゾフは、一九三五年二月、**英字新聞『ジャパン・アドバタイザー』にバレンタインチョコレートの広告を掲載**しました。広告には英語で「バレンタインデーには、愛する人にチョコレートを贈って愛を伝えましょう」というメッセージが添えられていました。

しかし、この広告は在日外国人向けの英字新聞に掲載されたため、反響は限られたものでした。

ちなみに、一九五六年には、不二家《ふじや》がバレンタインセールを行なった記録があります。こちらは、愛する人にハート型のお菓子やチョコレートを贈ることが提案されていました。

新宿で開催された小さなバレンタインセール

つづいて一九五八年、メリーチョコレートカムパニー（メリーチョコレート。以下、メリー）は、**東京・新宿にある百貨店「伊勢丹《いせたん》」で初めてバレンタインセールを開きました。**ただ、セールといっても、手描きの看板を掲げただけの小さな売り場だったようです。

きっかけは、当時の社員が「パリには二月一四日に花やカード、そしてチョコレートを贈るバレンタインデーという習慣がある」と知ったこと。

自社のチョコレートと結びつけて、三日間のセールを行なったものの、売上はわずか一七〇円……。当時はバレンタインデーという習慣自体、ほとんど誰も知らない時代でしたから、無理もない結果だったかもしれません。

しかし、メリーは翌一九五九年にも、バレンタインセールを実施。その年は**ハート型のチョコレートに名前を彫って贈るという斬新な企画が注目を集め、前年よりも話題になりました。**

メリーはこの年に、「年に一度、女性がチョコを贈って愛を伝える日」という習慣を、百貨店を訪れる女性たちに提案したのです。

森永製菓の懸命なプロモーション活動

昭和三〇年代（一九五五〜一九六四年）に入ると、日本は高度成長期を迎えます。新しい商品が次々と生まれ、チョコレートの人気が高まっていったこの時代に、**バ**

レンタインデーのプロモーションに力を入れたのが森永です。

先ほども触れましたが、森永の功績は、民放ラジオやテレビなどのメディアを活用してチョコレートの魅力を伝えたことです。バレンタインギフトの広告は、一九五八年に創刊された週刊誌『女性自身』（光文社）をはじめ、新聞や雑誌など多くのメディアに掲載されました。

当時の広告を見ると、今でもワクワクした気持ちになります。バレンタインデーにチョコレートを購入した人だけが応募できるプレゼント企画などがあり、女性たちが夢中になった様子がうかがえます。日本で一部の人しか知らなかったバレンタインデーは、少しずつメジャーな存在になっていきました。

バレンタインデーが日本で知られはじめたのは、**女性の自立や社会進出が注目されはじめた時期と重なります。**「女性が自分の意思で行動する」ことを前提としたバレンタインデーのコンセプトは、そんな時代の流れにマッチしていました。

時代の機運も、バレンタインの広がりを後押ししたのでしょう。

高級チョコレートはいつ日本に定着した？

ジュエリーのように美しいチョコレートボックス。手にすると、味わう前から心が躍りますよね。職人の技が光る美味しさと繊細なビジュアルは、特別な人への贈り物や自分へのご褒美として多くの人に愛されています。

それでは、宝石のような高級チョコレートがどのように日本に定着したのか、その歴史を振り返ってみましょう。

ベルギーの「ゴディバ」が日本に上陸！

日本で有名な高級チョコレートブランドといえば、やっぱり「ゴディバ」を思い浮かべる方が多いですよね。ベルギー生まれのチョコレート、**ゴディバが日本に上陸したのは一九七二年のこと。**場所は、東京の百貨店「日本橋三越」です。

それまで、日本でおやつとして親しまれていたチョコレートが、まるで宝石のようにデパートのショーケースに並びました。高級感溢れる上品なパッケージも相まって、チョコレートは大人のための高級ギフトとしての地位を確立したのです。

日本発の高級チョコレートブランドとしては、**一九八八年に「銀座・和光」による「ショコラ・ド・パリ」が東京の銀座にオープン**しました。職人が手作りする本格的なボンボンショコラは「ショコラ・フレ」と名づけられ、生クリームや新鮮なフルーツを使った賞味期限の短い、フレッシュなチョコレートが注目されました。

一九九一年には、エッフェル塔にほど近い、パリ七区の高級住宅街にあったチョコレート専門店「ミッシェル・ショーダン」がオープン。場所は銀座松坂屋の地下一階でした。パリのお店にも銀座のお店にも、私は何度か足を運んでいます。銀座の「ミッシェル・ショーダン」は、フランスの高級チョコレートの魅力をいち早く、日本に伝えていました。

「海外の高級チョコレート」がブームに！

さて、つづいて大きなムーブメントが訪れます。日本で、海外の高級チョコレートがブームになったのです。

海外の高級チョコレートブームが始まったのは、二〇〇〇年頃のこと。この頃から、日本でチョコレートをフランス語で「ショコラ」と呼ぶ人が増え、高級チョコレートの人気が急速に高まりました。

銀座にオープンした「ミッシェル・ショーダン」につづき、ブームの先駆けとなったのが、**一九九八年に東京の表参道にオープンしたパリの有名チョコレート専門店「ラ・メゾン・デュ・ショコラ」**です。表参道交差点近くの「ハナエ・モリビル」にあった小さなブティックは、パリのチョコレートにいち早く注目していた愛好家たちに支持されました（私もその一人です！）。

つづいて、二〇〇一年にはベルギーの新進気鋭のチョコレート職人、ピエール・マルコリーニが銀座に路面店をオープン。「ピエール マルコリーニ」のサロンには、日本人に人気のパフェなど、多彩なメニューが揃っていました。

二〇〇二年には、パリの「ジャン＝ポール・エヴァン」が伊勢丹新宿店に登場。イートインできるサロンがあり、私はそこで「ショコラ ショ」(ホットチョコレート)を、ゆっくり味わう時間が好きでした。

さらに、**二〇〇三年には、パリ発のチョコレートの祭典「サロン・デュ・ショコラ」が、伊勢丹新宿店で開催**されました。フランスを中心とした輸入チョコレートが数多く販売され、日本の高級チョコレートブームの火付け役となったイベントです。

あの高級宝飾品ブランドも!

二〇〇七年には、世界的に有名な高級宝飾品ブランド「ブルガリ」が、**東京に**

チョコレートブランド「ブルガリ イル・チョコラート」をオープンしました。
高級感溢れるボックスや、「チョコレート・ジェムズ」とも呼ばれるハンドメイドの芸術的なチョコレートは、まさにジュエリーのようです。

先ほども触れましたが、ヨーロッパ、特にフランスやベルギーのブランドが次々と日本に上陸したことから、高級チョコレートのことをフランス語で「ショコラ」と呼ぶ女性たちが増えたのがこの頃です。

そして、二〇一四年には、松本潤さん主演のフジテレビのテレビドラマ『失恋ショコラティエ』がヒットして、**チョコレート職人を指す「ショコラティエ」という言葉も広く知られるようになりました。**

ショコラ、ショコラティエといった言葉とともに、高級チョコレート文化は日本に定着していきました。

新潮流「ビーントゥバー」って何？

ヨーロッパのチョコレート文化とはガラリと趣《おもむき》が変わりますが、アメリカ発のチョコレート文化「ビーントゥバーチョコレート」をご存じですか？

ビーントゥバーチョコレートの主役はカカオ豆、そして特徴はクラフト感です。どんなものなのかを知ると、チョコレートの楽しみ方が広がるかもしれません。ここでは、ビーントゥバーについて紹介します。

カカオ豆にも徹底的にこだわる

「ビーントゥバー（Bean to Bar）」とは、カカオ豆（ビーン）が板チョコレート

（バー）になるまでのすべての工程を一貫して行なうチョコレート作りのスタイル、**またはそのチョコレートそのもの**を指します。

一般的なチョコレートは、大きな工場で機械によって大量に生産されます。

一方でビーントゥバーは、主に小規模な工房で少人数のスタッフが、カカオ豆の選別から焙炒、粉砕、コンチング（精錬）、テンパリング（温度調整）、そして成型までのすべての工程を手がけています。

ビーントゥバーは、二〇〇〇年前後にアメリカで生まれたムーブメントで「**クラフトチョコレート**」と呼ばれることもあります。

各ブランドの個性が際立っていて、とてもユニーク。

作り手の考えや個性が、板チョコの包み紙やパンフレットにも色濃く反映されています。

ビーントゥバーはカカオ豆の風味にフォーカスしているので、板チョコレートにする際に加える砂糖は、比較的少なめです。

手作業による少量生産（スモールバッチ）が多いため、価格は高級チョコレートと同じレベルですが、店が醸し出す雰囲気やオーナーの活動、その世界観にも数多くのファンがついています。

単一産地のカカオで作られたチョコレート

ところで、「北海道産メロン」や「沖縄県産マンゴー」など、日本の産地が表示されたフルーツがありますよね。

それと同じで、カカオにも産地があります。例えば「ベトナム産カカオ」や「ガーナ産カカオ」といった具合です。

ほとんどのビーントゥバーチョコレートには、**使用されているカカオの産地が明記されています。**

チョコレートの原料となっているカカオ豆が育ち、収穫された場所が具体的に示されているのは、ビーントゥバーの大きな特徴です。ときには、農園の名前やエリア名まで記載されています。

さらに、いろいろなカカオをブレンドするのではなく、**シングルオリジンカカオ（単一産地のカカオ）で作られることが多い**のも、大きな特徴の一つです。

ビーントゥバーをいくつも味わっていると、私は取材で訪れたカカオの産地や、農家の方々に思いを馳《は》せることがあります。

あるチョコレートはフルーティーで、別のチョコレートはスパイシー。カカオが農作物であることを感じられる瞬間です。

詳しいカカオについての説明は、次の章でまとめますね。

パッケージやパンフレットには、アロマチャートや特徴が記載されていることも多いので、ぜひ読んでみてください。

特に、情報やスペックにこだわりのある方なら、きっと楽しいと思います。

「ビーントゥバー」と「クラフトチョコレート」の違い

先ほど、ビーントゥバーチョコレートは「クラフトチョコレート」と呼ばれることもある、と述べました。同じ意味で使われることが多い言葉なのですが、じつはこの二つ、少しニュアンスに違いがあります。

はっきりした定義があるわけではないのですが、ときどき「どう違うの?」と質問されることがありますので、私のなかで整理している「違い」をまとめておきます。

◆ビーントゥバーチョコレート

カカオ豆からチョコレートを一貫して製造するスタイルを指します。そのため、小規模なメーカーがほとんどですが、**大企業であっても、カカオ豆からチョコレートを作っていればビーントゥバーです。**この言葉はアメリカで生まれましたが、ヨーロッパの老舗ブランドでも、自社でカカオ豆から製造していれば「ビーントゥバーチョコレート」ということになります。

◆クラフトチョコレート

比較的小規模で、スモールバッチ（小ロット）でチョコレートを製造するスタイルを指すことが多いです。

「クラフト」という言葉が示すように、手作業によって、少量生産されたチョコレートです。

大まかにはこのような説明になりますが、ブランドによって捉え方は異なります。チョコレートの世界は多様化していて、最近は、さまざまな言葉やスタイルが生まれるようになりました。

これから先の未来には、まったく新しいスタイルのチョコレートが登場するかもしれません。私はそれを楽しみにしています。

Column

私の推しチョコ なんでも編

チョコレートは姿を変えて、あらゆる形になって私たちを楽しませてくれます。チョコレートドリンクやお菓子、アイスクリーム……。和洋折衷からスイスの名品まで、あらゆるバラエティーのなかから、ちょこっと、最近の私のお気に入りをご紹介します。

ショコラトリーヒサシ　Monaショコラ

京都・東山にある「ショコラトリーヒサシ」の「Monaショコラ」は、2018年に生まれた和洋折衷のお菓子。サクサクしたモナカの皮と、なめらかなチョコレートクリームの相性が完璧で、ヘーゼルナッツの風味がよく、少しだけ余韻に塩気があります。

オーナーショコラティエの小野林範《おのばやしひさし》さんは、2015年にパリで行なわれた世界大会で世界2位に輝いた方です。

定番のチョコレート味のほか、私は抹茶味も大好き。オンラインでも買えますが、京都へ行ったらぜひどうぞ。

デカダンス ドュ ショコラ　マドレーヌ オ ショコラ

チョコレートがディップされたマドレーヌ、大好きなんです。私が長年味わっているのは、「デカダンス ドュ ショコラ」の「マドレーヌ オ ショコラ」。マドレーヌの縦半分がチョコレートにディップされていて、かじるとカリッ、マドレーヌの部分はふわっ。ビターチョコとホワイトチョコの2種類があります。

まったく印象が異なるので、ぜひ2つとも味わってください。紅茶にも合うので、ティータイムにぴったりですよ。

ゴディバ　ショコリキサー

「ゴディバ」の「ショコリキサー」は、2005年に日本に登場したチョコレートドリンク界のスーパースター。私の取材によると、日本全国で1日に1万杯以上が売れている計算になります。

多くのフレーバーがありますが、私のお気に入りは「ショコリキサー ダークチョコレート カカオ72%」と「ショコリキサー コロンビア ダークチョコレート カカオ99%」です。チョコチップがたっぷり入っているのでチョコレートの食感があり、ほどよい甘みもあります。

リンツ　リンドール

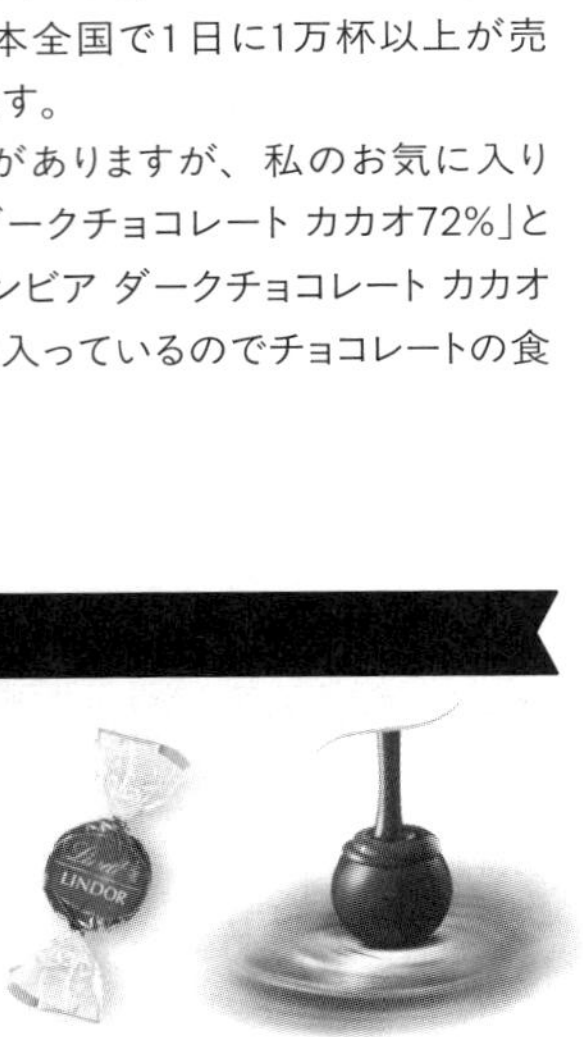

「リンツ」は、1845年にスイスで誕生し、世界120か国以上で愛されているチョコレートブランドです。「リンドール」はリンツを代表するチョコレート。

抹茶、キャラメル、ヘーゼルナッツ、ミルク、アーモンドバターなど常時20種類以上のフレーバーが揃っています。リンツの直営ブティックなら、「PICK&MIX（ピック&ミックス）」という量《はか》り売りスタイルで買えます。パッケージがカラフルで、贈り物にもおすすめです。

4章

知れば知るほど楽しい
カカオの謎

カカオとはどんな植物なのか

チョコレートの主な材料になるのは、何のフルーツの種でしょうか？　ここまで読んでくださったみなさんなら、もうおわかりですね。

そうです。カカオの種、カカオ豆です。

この章では、チョコレートの原材料、カカオの基礎知識をまとめます。カカオは、その健康効果やSDGsの観点から、近年注目されているのです。

カカオは「神々の食べ物」

カカオの学名は「テオブロマ　カカオ」です。「Theobroma（テオブロマ）」は古代ギリシャ語で「神々の食べ物」という意味がありますので、「テオブロマ カカオ」とは**「神々の食べ物 カカオ」**ということになります。つまり、カカオの木は「神々の食べ物が実る木」なのですね。

この学名は、一七五三年にスウェーデンの植物学者、カール・フォン・リンネによって名づけられました。「テオブロマ」という言葉を分けると「theo（テオ）」が神様、「broma（ブロマ）」が食べ物のことを指しています。

ちなみに、「テオブロマ カカオ」の「テオブロマ」が属名、「カカオ」が種名を示すので、「テオブロマ属のカカオ」という意味になります。カール・フォン・リンネは、このように属名と種名からなる「二名法」を体系化したことで、世界的に有名になった人です。

太い幹に、直接実る

カカオの木には、ほかの果物とは異なるユニークな特徴があります。それは、実のつき方です。

例えば、リンゴやオレンジのようなフルーツは、多くの場合、木の枝やその先端に実ります。ところがカカオは、**木の幹や太い枝に、どん、という感じで直接実をつける**のです。

カカオ農園で実物を目の当たりにすると、かなりのインパクトです。太い幹に直接、小さなラグビーボールのような形の実がついていて、赤、黄、緑とカラフルで大きく、かなり目立ちます。初めてカカオ産地を訪れたとき「これは一度見たら忘れられないな！」と感じました。

このように、木の幹に実をつける果物は「幹生果《かんせいか》」、そして幹に咲く花は「幹生《かんせい》花《か》」と呼ばれます。カカオの木に近寄ると、太い幹や枝のあちこちにかわいい小さな花がついているのがわかります。

一センチメートルほどの白い花々が、一本の木に、年間数百〜数千個咲くとされていますが、**そのなかで実を結ぶのはわずか一〜五%ほど**だといわれています。

カカオはちょっと日陰が好き

強い太陽の光がギラギラと照りつける、熱帯の国で育つカカオ。暑い国のフルーツだというのに、カカオは意外にも直射日光が苦手で、少し日陰になった場所を好みます。

そんなカカオのために、**カカオの木のそばには、日陰を作るための別の木が植えられています。**シェイドツリーと呼ばれる、少し背の高い木です。

シェイドツリーは、日傘のような役割を担い、強い日差しや強い風からカカオを守ってくれるのです。

シェイドツリーになるのは、バナナやココナッツの木です。私も農園でたびたびこれらの木の下を歩いています。

シェイドツリーを植えると、農家さんにもメリットがあります。なぜならバナナの木を植えれば、カカオとバナナを両方収穫できるからです。さらに、シェイドツリーは土の乾燥を防いで湿度を保ち、生物の多様性を守りながら農地の生態系を豊かにしてくれます。

カカオ農園を訪れると、蒸し暑いものの、ほどよく日陰があります。私もシェイドツリーのおかげで強い直射日光を避けながら、取材を進めることができます。

カカオのスペックまとめ

カカオのスペックを、まとめておくことにしましょう。

学名：Theobroma cacao（テオブロマ　カカオ）
科名：アオイ科

《生育環境の目安》
気候条件　：熱帯地域、南緯二〇度から北緯二〇度の「カカオベルト」と呼ばれるエリアで育つ
気温　　　：平均気温二七度ほどで、年間の気温差がほとんどないことが条件
年間降雨量：一〇〇〇ミリメートル以上
高度　　　：三〇〜三〇〇メートル
湿度　　　：七〇〜九〇％ほど
日照　　　：半日陰を好み、シェイドツリーが必要

《大きさや形》※いろいろなカカオがあるので、数字は目安
木の高さ：四〜一〇メートルくらい

葉：楕円《だえん》形の葉で、長さは二〇～四〇センチメートルほど
花：白や淡黄色《たんこうしょく》、薄いピンクの、一センチメートルほどの小さな花が幹や太い枝に直接咲く
実：約一五～三〇センチメートルの長さで、ラグビーボールのような形重さは二五〇グラムから一キログラムほどで、色は黄色、緑、赤、オレンジなど
種：カカオの実の硬い殻を割ると、中に白い果肉（カカオパルプ）に包まれた三〇～四〇粒ほどの種（カカオ豆）が入っている

《収穫》
成熟期間：花が咲いてから実の収穫までは、約六か月
収穫時期：年に二回（カカオ産地によって収穫シーズンは異なる）
カカオ豆の取り出し：カカオの実をナタなどで割って、中のカカオ豆を白い果肉ごと取り出す

世界最大のカカオ生産国はどこ？

カカオはどんな国で育てられているのでしょうか。みなさん、具体的な国名を答えられますか？

「ガーナ！」と答えたあなた、正解です。**ガーナは、日本がカカオを最も多く輸入している国**です。二〇二四年時点で、世界第二位のカカオ生産国になります。

カカオが元気に育つのは、赤道に近くて一年中暑く湿度が高い、限られた地域でしたよね。目安は前述のように、一年を通して平均気温が約二七度で、湿度が七〇～九〇%、年間降雨量が少なくとも一〇〇〇ミリメートルのエリアです。夏だけ暑い日本とは違って、一年中、いつでも暑い国です。

カカオが元気に育つのは、**南緯二〇度から北緯二〇度の間の「カカオベルト」と呼ばれるエリア**です。

日本はガーナにお世話になっている

世界最大のカカオの生産国は、西アフリカのコートジボワールです。つづく、第二位の生産国が、ガーナ。日本には、この国名のついたロングセラーチョコレートがあるので、よく知られていますね。

カカオは世界六〇か国以上で生産されていますが、なんと、その五割以上を西アフリカのコートジボワールとガーナが担っています。世界のチョコレート産業を支えるこの二か国にとって、カカオ生産は主要な産業です。多くの人々が、カカオ栽培を通じて生計を立てています。

繰り返しますが、日本が最も多くのカカオを輸入している国はガーナです。全体の約七割〜八割にものぼります。

カカオ生産量はコートジボワールが世界一位

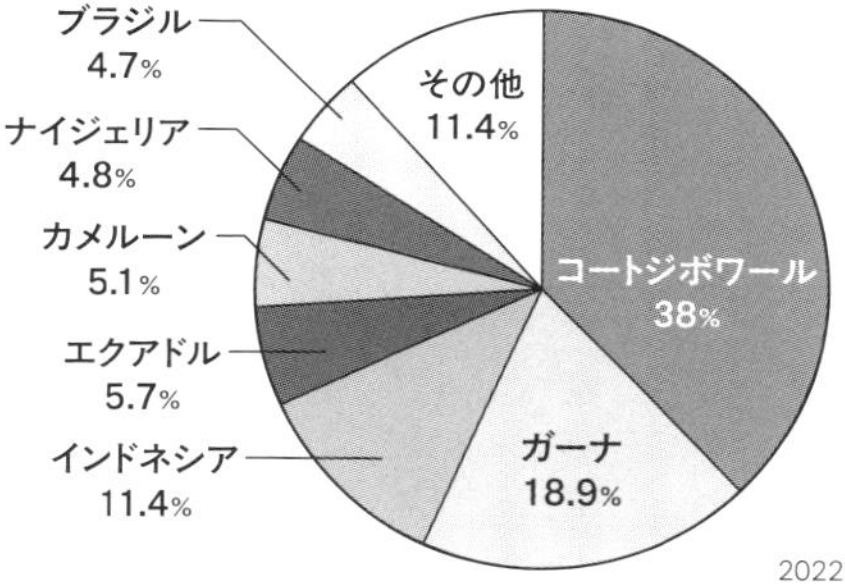

2022年カカオ生産量（国別）
出典：FAOSTAT

つまり、ガーナあっての日本のチョコレート。私たちが今日も美味しくチョコレートを味わえるのは、ガーナのカカオ生産者さんのおかげです。

それでは、**世界第三位の生産国はどこかといえば、それはインドネシアです。**特にスマトラ島やスラウェシ島で、カカオ生産が盛んに行なわれています。

そして第四位にエクアドル、第五位にカメルーンとつづきます。

この上位五か国（コートジボワール、ガーナ、インドネシア、エクアドル、カメルーン）で、世界のカカオ生産量の約八割を占めているのです。

ここまでの情報は二〇二二年のデータに基づきましたが、これから先も、同じ状況がつづくとは限りません。国ごとの情勢や気候変動によって、カカオ産地の状況は毎年少しずつ変わるからです。

例えば、この本を書いている二〇二四年の時点では、エクアドルのカカオ生産量が大きく伸びていますので、今後、エクアドルがさらに主要な生産国になる可能性もあります。

アジアでもカカオは育つか

世界のカカオの約八割は、生産量ランキング上位の五か国で生産されていると述べました。そうすると、カカオ産地は約六〇か国ありますので、残りの約五五か国で二割が生産されていることになりますね。

その五五か国はどこかというと、主に**南米**や**アジア**です。コロンビアやペルーは有名なカカオ産地。そしてアジアでは、フィリピンやベトナム、タイ、マレーシアなどがカカオが栽培されている国です。

さらに、収穫量が少ないために生産国として六〇か国にはカウントされていませんが、じつは台湾南部でもカカオは栽培されているのです。

日本では、自然にカカオが育たない

日本はどうかといえば、残念ながらカカオの栽培に気候が適していません。カカオは、夏だけでなく一年中暑い国で育つトロピカルフルーツ、でしたよね。

沖縄などの冬でも暖かい地域で、小規模な温室栽培に成功している例はありますが、収穫量はごくごくわずか。のびのびとカカオの木が育つ生産国とは違って、大量に収穫することはできません。

日本でのカカオ栽培は、あくまでも研究や付加価値のためのものであり、夢のあるチャレンジ、ということになります。

カカオの品種によって味が変わる!?

「カカオの品種ってあるんですか?」という質問をいただくことがあります。まずは昔からよく知られている三つ（＋一つ）の品種を説明しますね。

◆クリオロ種

「クリオロ」は**最も古いカカオの品種**です。アマゾン川上流地域が原産とされ、中米で栽培が始まり各地に広がりました。

デリケートで栽培がとても難しく、**病害に弱いので生産量が少ない**です。諸説ありますが、世界のカカオ生産量の〇・五～一〇%ほどだといわれています。

その希少性や、比較的渋みが少ないのが特徴です。歴史的には、アステカ帝国の皇帝モクテスマ二世が飲んでいたのが、メキシコの歴史あるカカオ産地・ソコヌスコ地方で栽培されたクリオロ種のカカオだったといわれています。

◆フォラステロ種

「フォラステロ」は、**世界のカカオの生産量の約八〇～九〇％を占めるとされる、主要な品種**です。西アフリカが主な生産地で、東南アジアなどでも栽培されています。フォラステロのよさは**生産性が高く、病害虫に強い**ところです。チョコレートらしい風味があり、個性的な香味がないので扱いやすいのも魅力の一つ。カカオ豆をブレンドする際の基本となる豆（ベースビーンズ）として、世界でも広く利用されています。

◆トリニタリオ種

「トリニタリオ」は、**クリオロとフォラステロが交配して生まれた品種**です。カリブ海にあるトリニダード島で生まれたことから、この名がつきました。

トリニタリオは、クリオロとフォラステロのいいとこどり。生産性が高く、これも諸説ありますが、**世界のカカオ生産量の約一〇～一五%ほど**だとされています。二品種の交配の程度によって、特徴も風味も異なります。

◆エクアドル固有のナシオナル種(アリバ種)

前述した三種に加え、エクアドルで栽培されているカカオの品種もあります。この「ナシオナル（ナショナル）種」は、アリバ種とも呼ばれますが、じつは**フォラステロ種がエクアドルの環境に適応した派生種**とされています。「ナシオナル」や「アリバ」と聞いたら、エクアドルを思い浮かべてください。

「遺伝子分析」が主流になってきた

クリオロ、フォラステロ、トリニタリオ。

これらの三品種は、古くからチョコレート関連の書籍でよく取り上げられているので、見聞きしたことのある方もいるかと思います。

この分類は、一八八二年にイギリスの植物学者D．モリスが著書のなかで記した内容に由来します。彼は、ベネズエラのカカオ生産者が地元のカカオを「クリオロ」と呼び、それ以外の外来種を「フォラステロ」と区別していたことをベースに、まず二つの分類を記しました。

その後、クリオロとフォラステロの交配種「トリニタリオ」が生まれたことから、三つの品種が長く伝わることとなったのですが、じつは今では、この分類に対する考え方が大きく変わってきています。

なかなか内容は複雑ですが、まとめてみます。二〇〇八年、米国農務省（USDA）の研究員がアマゾン地域のカカオを分析して、『アマゾンのチョコレートの木（Theobroma cacao L.）の地理的および遺伝的集団分化』という研究結果を発表しました。この研究は、なんと**「カカオは一〇系統に分類される」**としています。ここでの「系統」とは「ある特定のDNAを持つカカオのグループ」と言い換えると

わかりやすいかもしれません。一〇の系統は、
①クリオロ　②ナシオナル　③アメロナード　④イキトス
⑤マラニョン　⑥コンタマナ　⑦ナナイ（以上、ペルー）
⑧クラライ（エクアドル）
⑨プルス（ブラジル）
⑩ギアナ（フレンチギアナ）
になります。カッコ内は、これらの系統のカカオが主に生育している地域です。

つまり、品種で分けるというよりも**「あるDNAの系統を持つカカオの集団（クラスター）が、ある地域に存在している」**といったような分析となります。

その後も、各国でカカオのDNA分析による研究が進んでいます。ペルーで二〇二三年に発行された最新の「ペルーのカカオカタログ」では、ペルー国内のカカオがさらに細かく分析され、例えばそのなかの「チュンチョ」という系統のカカオだけでも、さらに一〇種類の分類がされているほど細分化しています。

このように今、カカオの品種の研究が各地で進められています。これから先、遺伝子の系統がわかりやすく発表される日が来るかもしれません。

カカオは交配しやすい

ところで、私は、カカオ産地を訪れるたびに疑問を抱いていました。「これほど多様なカカオを、たった三つの品種に分類できるものだろうか?」と。そのため、遺伝子分析が主流となっている現状に、私は納得しています。

カカオはほかの品種と交配しやすく、ときにはカカオ以外の植物とも交配することがあります。そのため、現在の多様なカカオは長い年月をかけて、さまざまな品種が混ざり合った結果なのです。

実際にカカオ産地を訪れると、その風味や形の多様性がわかります。例えば、私たちの顔立ちや体形がそれぞれ異なるように、カカオもまた、さまざまなのです。

カカオの遺伝子を分析し、純度を保って栽培をつづけようとする場合、ほかのカカオとの交配を避けるため、完全に隔離して育てなければなりません。接《つ》ぎ木などによって同じカカオを増やしていくことになりますが、交配を避けつづけていると、カカオの木が衰弱してしまうこともあるようです。

それほど、品種の管理は大変な作業です。

品種ごとの味は一概に言えない

「カカオの品種ごとの味の違いを、チョコレートで比べられますか？」

そんな質問をいただくことがありますが、答えは「難しい」です。

理由は、先にお伝えしたとおり。例えば、同じ「フォラステロ」といわれるカカオでも、**交配や土壌の違いによって、風味はずいぶん変わる**からです。

また、チョコレートの味には、カカオ豆の品種よりも、**産地での発酵や乾燥、**

チョコレートの製造工程が大きく影響します。私たちはカカオ豆をそのままかじるわけではなく、加工されたチョコレートを味わっていますからね。

カカオ豆の種類のなかには、チョコレートにするとフルーティーな風味になるものもあります。しかし、「この品種は、すべてこの味」というように、品種ベースで一概に言い切ることはできません。

知識として、昔から伝えられてきた三種の分類は、覚えておきましょう。

現在はＤＮＡ分析が主流となっていますが、これはかなり専門的な領域ですので、参考程度に理解しておけば十分だと思います。

知っておきたい「カカオ用語」

少し堅い説明がつづきましたね。休憩がてら、ここではチョコレートに関する用語で、「カカオ」とつくものを紹介したいと思います。

本書ではここまで、「カカオ豆」「カカオバター」「カカオニブ」「カカオマス」などを紹介してきました。じつはこれ以外にも、みなさんに知っていただきたいカカオ用語があります。

◆カカオポッド

カカオの木の実のことです。ラグビーボールのような形をしているものが多いですが、たまにコロンと丸いものもあります。

品種や産地によって形や色もさまざま。割ると中にぎっしりカカオ豆が入っています。英語では「カカオポッド」、フランス語では「カボス」と呼ばれます。

◆**ホワイトカカオ**

これは、特定のカカオの品種を指している言葉ではなく、**カットした際に中身が白いカカオ豆のこと**を指します。多くのカカオ豆は中身が紫色ですが、ごくまれに白いものがあり、こう呼ばれるようになりました。

ホワイトカカオは、前項で紹介したクリオロ種であることが多く、ポリフェノールが比較的少ないため、渋みが少なく、マイルドな味わいとされています。

テンパリングって何？

ここまで詳しく触れてこなかった製造工程の「テンパリング」（25ページ）についても、「カカオバター」と関係があるので、ここで説明することにしましょう。

テンパリングはカカオバターの結晶構造を整える、大切な作業です。

チョコレート職人が、ヘラを両手に持ち、大理石の台の上でとろりとしたチョコレートを広げたり、すくいあげたりするシーン。テレビや動画などで、ご覧になったことがあるかもしれません。ショコラティエらしいあの作業（タブリール法と呼ばれます）こそが、テンパリングです。

このプロセスによって、カカオバターの結晶は最も安定したきれいな並びになり（V型）、光沢のある美味しいチョコレートになります。

テンパリングは機械を使用して行なわれることも多く、さまざまな方法がありますが、基本的な流れは同じです。

まず、**チョコレートを温めて溶かし、五〇度ほどにまで温度を上げます。その後、二七~二九度まで温度を下げて冷まし、再び温度を上げて三〇度ほどにします。**

上げ↓下げ↓ちょっと上げ。

この温度の上げ下げが、美味しくて艶やかなチョコレートを生み出すための重要なプロセスです（温度はチョコレートの種類によって異なります）。

カカオ産地で味わえる「カカオパルプ」

近年注目されている「カカオパルプ」について、お話しします。

カカオパルプとは、**カカオ豆を包む白い果肉**のことです。フレッシュなカカオ豆を、やわらかい果肉で優しく包み込んでいて、それはそれは美味しいのです！

フレッシュなカカオパルプは、**カカオ産地でしか味わうことができません。**私のカカオ産地取材の最大の楽しみは、カカオパルプを味わうこと。

農園で割りたてのカカオポッド（カカオの実）から、白い果肉に包まれたカカオ豆を取り出し、その場でカカオパルプを味わうのは、至福のひとときです。

生まれて初めて、割りたてのカカオポッドから種をつまんで味わったときは、感動のあまり「もう少しいただけますか」と農家の方に心の底からお願いしてしまったほどです。こうして書いているだけで、甘酸っぱい風味がよみがえってきます。

果肉は粘り気があって薄く、種にぴたりと張りついています。**味は、ライチやリンゴ、そして品種によってはパイナップルがミックスしたような、目が覚めるような爽やかさ、華やかな甘酸っぱさ**があります。

いくつかの産地でカカオパルプを味わううちに、カカオの種類や産地、熟れ具合によってその味が微妙に異なることも、わかってきました。メキシコ（ソコヌスコ地方）のカカオ農園を訪れたときは、冷たいカカオパルプのジュースを振る舞っていただき、感激したことを覚えています。

日本でもジュースやジャムとして……

カカオパルプは、これまで日本ではなかなか味わうことができませんでした。しかし近年、カカオへの関心の高まりとともに、日本でもピューレやジュースとして加工されたものに出会うことができるようになりました。

　チョコレート専門店のメニューで**「カカオパルプジュース」**や**「カカオフルーツジュース」**といった名前の、冷たいドリンクがあれば、それはカカオパルプが使われたものです。

　例えば「ゴディバ」では、カップ入りのテイクアウトドリンク「カカオフルーツジュース」を販売していて、カカオパルプの風味を手軽に楽しむことができるので、おすすめです。

　さらに私が気に入っているのは、チョコレート専門店にある、カカオパルプを使ったアイスクリームやゼリーを使用したデザートです。

　カカオパルプ入りのジャムを買ったこともありますが、ヨーグルトとの相性がとてもよく魅力的でした。また、カカオパルプは、料理やカクテルに使われていることもあります。

新しい風味が注目されるカカオパルプ。チョコレートとはまったく異なる味わいに、初めての方は、きっと驚くことでしょう。

「カカオはフルーツなんだ!」という発見を、ぜひ楽しんでみてください。

カカオ豆の発酵に不可欠な部分

ところで、ときどき「カカオパルプは本来捨てられる部分」と書かれた商品説明を見かけることがありますが、私は声を大にして言いたいです。

これは、大きな誤解です!

チョコレート作りのために、カカオパルプは**「カカオ豆の発酵に不可欠な部分」**です。もしすべてのパルプを取り除いてしまったら、風味の豊かな美味しいチョコレートを作ることはできません。

ただし、カカオの種類や産地によっては、発酵の手順が異なるため、すべてのカカオパルプを使わなくても発酵がうまくいく場合もあります。そうしたときに「なくても困らない分」だけのカカオパルプが、ピューレやジュースに加工され、活用されていると考えてください。

ちなみに、カカオパルプをすべて洗い流してしまう加工方法も存在します。それはメキシコの伝統的な**「カカオラバド」**と呼ばれる未発酵豆の製法です。

私はメキシコで取材して知りましたが、このカカオ豆は主に現地の料理や飲み物に利用されています。

カカオパルプがあるから、チョコレートはこんなに美味しくなる！　と覚えておいてくださいね。

廃棄される「カカオハスク」の活用法

近年、アップサイクルやSDGsの観点から注目されている「カカオハスク」のことも、ぜひ覚えておきましょう。

「カカオハスク」とは、カカオ豆の外皮のことです。

同じ豆であるピーナッツの皮をイメージしてみてください。薄くてむきやすいですよね。ところが、**カカオ豆の皮は硬くてパリッとしていて厚く、張りつくようにがっちりとカカオ豆を包んでいます。**

カカオハスクは、チョコレートを作る工程で廃棄される部分です。

カカオ豆を焙炒（ロースト）したあと、カカオハスクは風などを当てて吹きとばされて、取り除かれます。カカオハスクがカカオ豆に入ると、チョコレートの雑味につながってしまい、その硬さが食感に影響してしまうからです。

カカオの風味が広がるお茶

カカオハスクはこれまで、一部は飼料や肥料として使われていましたが、近年はさらなる活用方法が模索されています。チョコレートメーカーも、より多くのカカオハスクを有効利用するために、新たな取り組みを進めています。

まず、以前からあるのが**カカオハスクを使ったお茶**です。チョコレート専門店で「カカオティー」といった名前のメニューがあれば、それはカカオハスクを使ったお茶だと考えてください。カカオハスクに熱いお湯を注いで、風味を抽出して作られます。

色は、ブラウンがかったオレンジ色で、カカオのナチュラルな風味がふわりと香ります。チョコレートやケーキ、お菓子によく合いますよ。また、カカオティーから作られたゼリーがパフェに入っている、なんてこともあります。

カカオハスクをインテリアに応用!?

近年、多くの大手企業やチョコレートブランドが、カカオハスクのアップサイクルに積極的に取り組んでいます。

例えば、明治はチョコレートを製造するときに残ってしまうカカオハスクを活用した製品を開発し、二〇二三年に「カカオスタイル」というライフスタイルブランドを立ち上げました。

その発表会で目にした製品は、どれもデザイン性が高くて素敵でした。カカオハスクで染めたハンカチは、優しいベージュ色が特徴で私も愛用しています。

また、カカオハスクから作られた高級感のある漆器や、床材・壁材もあり、**インテリアへの応用の可能性**も感じられました。カカオハスクを使ったコースターやお皿は、ほのかにカカオの香りが漂い、とてもユニークでした。

さらに、ロッテもカカオハスクのアップサイクルに取り組みました。**カカオハスクを使用した「クラフトジン」の商品化**もその一つです。実際に味わったところ、ほんのりと香るカカオがお酒の豊かな風味を引き立てていました。

二〇二二年には、ロッテが小学生を対象に「小学生カカオハスクアイデアコンテスト」を開催しました。私も審査員として参加しましたが、素晴らしいアイデアがいっぱい！　カカオハスクを使った枕や、動物園での利用、さらにはお線香や鉛筆といった、私ではとても思いつかないような斬新なアイデアが、イラスト入りで数多く集まりました。いくつかのアイデアは今後、実現するかもしれません。

さらに、カカオハスクは**紙の原料としても活用**され、チョコレートメーカーがパッケージや名刺に使用する例も増えています。

このように、チョコレート製造の過程で廃棄されるカカオハスクを有効活用する取り組みは、大手企業を中心に今後さらに広がっていくことでしょう。

「チョコレート」と「納豆」の意外な共通点

突然ですが、チョコレートと納豆、一見まったく違う食べ物ですが、じつは似ている部分があります。

「いや、どう見ても違うでしょ！」という声が聞こえてきそうですが、共通点は、どちらも**「豆を発酵させて作る発酵食品」**だということです。

チョコレートの原材料はカカオ豆、納豆の原料は大豆。どちらも「豆」ですね。

チョコレートも納豆も、豆を発酵させる工程を経て生まれるのです。

ある朝、私が納豆を食べていたときのこと。大粒の納豆を箸でかき回していたら、ふとカカオ産地で見た光景がよみがえりました。木箱の中で発酵しているねっとりしたカカオ豆を混ぜる作業が目の前の納豆と重なり、思わず箸を止めました。

もちろん、色も香りもまったく違います。ただ、どちらも発酵によって美味しくなる点は同じ。納豆を見てカカオを思い出した自分にも、ちょっと驚いてしまいましたが……（笑）。

微生物たちの大活躍

それでは、チョコレートを作るために、なぜカカオ豆を発酵させるのでしょうか。理由は、チョコレートを美味しくするためです。**発酵によってアミノ酸や糖が生成され、カカオ豆を焙炒したときにチョコレートらしい風味が現れる**のです。

発酵作業は、カカオが収穫されるカカオ産地で行なわれます。方法は産地によってさまざまで、カカオポッドから取り出した豆をバナナの葉で包む方法や、専用の木箱に入れて発酵させる方法があります。また、発酵にかける日数や時間も、さまざまです。

興味深いのは、**産地ごとに異なる微生物が発酵を促し、その結果、チョコレート**

の風味に違いが生まれることです。木箱やバナナの葉などに生息している酵母、乳酸菌、酢酸菌《さくさん》などの微生物が、カカオ豆の香りや味わいに大きな影響を与えます。チョコレートの味を、カカオ産地に住む微生物たちも一緒になって作ってくれているわけですね。

メーカーは「発酵」にもこだわる

カカオ豆がもともと持つ風味はもちろん重要ですが、じつは**発酵の工程は、チョコレートの味わいに与える影響がとても大きい**のです。

そのため、多くのチョコレートメーカーはカカオ産地に足を運び、農家の方とともに発酵方法を改善したり、プロセスを細かく管理したりしています。発酵が適切に行なわれると、チョコレートは美味しくなります。

チョコレートは発酵食品です。チョコレートを味わう際には、ぜひカカオ産地で行なわれている発酵のプロセスにも、思いを馳せてみてください。

「カカオの国」と「チョコの国」について思うこと

本章の最後に「カカオの国」と「チョコの国」について、私が感じていることをまとめてみます。

ここでは、カカオの生産国を「カカオの国」、チョコレートの消費国を「チョコの国」と定義することにします。

私はチョコレートジャーナリストとして活動するなかで、チョコの国とカカオの国が、遠く遠く離れていること、そして**それぞれの国の人々が、ほとんどお互いを知らない**、という現実に気づきました。

もちろん、地図上でカカオの国の位置を知っている方は多いでしょうし、ネットニュースや動画を通じて、その国の文化に触れることもあるでしょう。私自身も実際に訪れるまでは、「カカオの国」をある程度理解しているつもりでいました。ところが、自分の足でカカオの国へ行くようになって、知らないことがいかに多かったかを知りました。逆もしかりで、カカオの国の人々も、私たちチョコの国のことをほとんど知りません。

カカオ農家の子どもは、チョコレートを知らない

知っていたようで、知らなかったこと。それはカカオの国はまず「とても暑い」ということでした。

想像してみてください。空港に降り立ち、外に出た途端、むわっとした空気が肌に触れ、すぐにじわじわと汗がにじみ出てきます。蒸し暑くて、いろいろなものが混ざり合った香りがして、聞き慣れない賑《にぎ》やかな音もしています。決して、エアコンの効いた快適な部屋で、スマホ越しに感じられるものではありません。

同じように、カカオの国の農家のみなさんも、チョコの国を知りません。**ガーナで出会ったカカオ農家の子どものほとんどは、チョコレートを食べたことがありませんでした。**そもそもチョコレート自体を知らず、たとえ知っていても、経済的な理由で手に入れることはできないでしょう。カカオ栽培は不安定で、重労働を伴うにもかかわらず、賃金は低いのです。

物理的にも、チョコの国とカカオの国は遠く離れています。

例えば、ガーナの首都・アクラへ行くには、東京からほぼ丸一日かかります。さらに、そこからカカオ農家へ行くために、私は飛行機で一時間半かけてクマシへ。そこから車に乗り換え、舗装されていない道路を二時間以上走って、ようやくカカオ農家の住む村へ着きました。

観光でアフリカを訪れたとしても、そこまで行くのはなかなか難しいでしょう。時間は限られていますし、観光地へ行くことはあっても、わざわざ国の情勢や人々の生活に触れようとはしないと思います。私自身も、そうでした。

「カカオの国」との分断解消を目指して

私たちチョコの国では、子どもたちが学校に通い、おやつにチョコレートを食べるのは当たり前のことです。しかし、カカオの国で出会った農家には、生活のために働き、学校へ行けない子がいます。

二〇二〇年のデータによると、ガーナやコートジボワールでは一五六万人の子どもたちが学校に通えず、生活のために働いているという現実があります。

カカオの国の現状に触れた今、**私はチョコの国のことだけでなく、カカオの国のことを伝える必要性を感じています。**グローバル化が進み、SNSが普及し、SDGsの採択後は少しずつカカオ産地に目が向けられるようになりました。しかし、依然として二つの国の格差は縮まっていません。

文化や歴史が異なり、国の情勢も不安定ななかで、カカオの国の情報を伝えるのは決して簡単ではありません。しかし、私は同じ地球に住む人間として、カカオの国とチョコの国の分断が少しずつでも解消される未来を願っています。

私は「チョコの国」日本で生まれ育ちました。多くのチョコレートを楽しんできたものの、カカオの国についてはまだ知らないことばかりです。

チョコの国の人も、カカオの国の人も、等しく笑顔になれる日が来ることを願い、今後もできる限り、カカオの国に目を向けていきたいと思っています。

Column

私の推しチョコ

フランスのボンボンショコラ編

ボンボンショコラとは、62ページでも紹介しましたが、ひと口サイズのチョコレートのことです。限りなくあるおすすめのなかから、四つのフランスの王道ブランドをご紹介します。日本にお店がある、有名ショコラティエによる定評あるブランドを選びました。

バレンタインシーズンの新作や限定品も素敵ですが、じつは見逃せないのは、こういったブランドの定番品です。時代を超えて愛されつづける美味を、体験してみてください。

ラ・メゾン・デュ・ショコラ

1977年にパリで創業した「ラ・メゾン・デュ・ショコラ」は、高級チョコレートを語るうえで、欠かせない名店です。今では世界中で一般的になった、パリ風のボンボン・ドゥ・ショコラを、初めて生み出した功績があります。

定番のフランボワーズ風味の「サルバドール」、レモン風味の「アンダルシア」、キャラメル風味のミルクガナッシュ「キャラメロ」、アーモンドやヘーゼルナッツのプラリネなど……。一粒を味わうごとに、素材の風味が広がります。

パスカル・ル・ガック 東京

有名ショコラティエ、パスカル・ル・ガックによるブランドです。本店はパリ郊外の高級住宅街、サン＝ジェルマン＝アン＝レーにあります（前述した、チョコ好き王妃と結婚したフランス国王ルイ14世は、このお店のそばのサン＝ジェルマン＝アン＝レー城で生まれたのですよ）。日本の店は、2019年に東京・赤坂にオープンしました。流行を追わず、あくまでも素材の風味を上品に引き出すボンボンショコラ。レモン風味の「シトロン」、パッションフルーツ、マンゴー、ココナッツが調和する「エキゾチック」などがあります。

ジャン=ポール・エヴァン

「ジャン=ポール・エヴァン」は、世界的に有名なパリのショコラトリーです。1988年にパリで創業し、2002年には日本初の店舗が、伊勢丹新宿店にオープンしました。

私が長く味わっているのは、カリブ産カカオの風味豊かなビターガナッシュ「カライブ」、フィユティーヌにアーモンドとヘーゼルナッツを合わせた「サフィル」です。ミルクチョコレートがとびきり美味しい「マノン」や「サロメ」、オレンジ風味の「トロワ オランジュ」ほか、ときどき限定販売されている「ポンレ ヴェック」や「シェーヴル」など、チーズを使ったボンボンショコラもおすすめ。ワインなどにも合います。

パティスリー・サダハル・アオキ・パリ

パリでも日本でも、登場とともに衝撃を与えた、モダンなボンボンショコラ。その日の気分で口紅のカラーを選ぶように、ボックスからさまざまな色のショコラを選ぶ楽しみがあります。

抹茶の「バンブー」やわさびの「ワサビ」、ごまの「セザム」などは、日本の素材をパリに伝える役割も果たしました。味わう人の指先を美しく見せるサイズとカラーで、フランスでは「マキアージュショコラ」として愛されています。

5章

チョコレートをもっと美味しく味わおう

チョコレートを美味しく味わうためのコツ

チョコレートは、難しく考えず「美味しいね」と笑顔で楽しむのが一番！

私は、基本的にはそう思っています。私たちは日々、仕事や家事、勉強などで忙しく、頭を使って難しいことに向き合っているのですから。

チョコレートは日常に、心地よいひとときをもたらしてくれます。しかし、ときには知的好奇心から、チョコレートそのものとじっくり向き合い、頭で理解したくなることもありますよね。この章では、そんなときのための方法をまとめます。


日頃、私がチョコレートジャーナリストとして活動しているときに実践している心構えやプロセスをもとにしていますので、ぜひ参考にしてみてください。

食べる前の準備が大事

チョコレートとじっくり向き合うためには**「味わう前の準備」が大切**です。環境を整え、自分の心と体の状態をチェックし、リラックスできているかを確認することが最初のステップです。

①場所を選ぶ：落ち着いてチョコに向き合える場所に身を置く
②心を整える：リラックスできているかを確認

場所選びは、とても重要です。人それぞれだと思いますが、散らかった空間よりも、きれいに片づいたテーブルが望ましいでしょう。**チョコレートは五感で味わうもの**なので、視覚や聴覚、嗅覚が、ほかの要素に邪魔されない環境が理想的です。

私の場合は、まわりに物が少なく、色が少ない場所が集中しやすいです。

リラックスしていることも大切です。例えば「時間がなくて焦っている」「心配事で頭がいっぱい」「けんかして怒ったり泣いたりした直後」といった状況では、チョコレートにじっくり向き合う余裕がありませんよね？　「とりあえずチョコでも食べて、少し気持ちを落ち着けてくださいね」と言いたくなる状況です。

心に余裕がないと、繊細な味わいは感じにくいもの。まずは自分自身を整え、それからチョコレートに向き合えるといいですね。

さらに、人によっては音も影響します。私の場合、多少の騒がしさは気になりませんが、不意に誰かに話しかけられるような環境では集中できません。

あとは、ほどよく空腹な状態が理想的です。お腹がすきすぎていると勢いよくチョコレートを食べてしまい、じっくり味わう余裕がなくなってしまいます。

五感でチョコレートと向き合う

「味わう前の準備」が整ったら、五感でチョコレートをキャッチしていきます。

ここでは板チョコレートを味わうことを想定しています。

まず、視覚と嗅覚、つまり目と鼻を使いましょう。

③見る：チョコレートの形、色、厚み、艶、パッケージに注目する
④嗅ぐ：チョコレートを鼻に近づけ、香りを確かめる

チョコレートを**ぐるりと見て回るようなイメージ**です。ブルーミング（52ページ）が起きていないかも確認しましょう。板チョコの厚みや形もチェック。パッケージに書かれている、カカオや原材料の情報にも目を通しましょう。

次に、チョコレートをすぐにパクッと口に入れず、鼻を近づけてみてください。**一〇秒ほどでさまざまな香りをキャッチ**できます。

つづいて、いよいよチョコレートを味わいます。

⑤広げる：チョコレートを口に含み、ゆっくり溶かしながら風味を広げる

⑥味わう　：　苦味、酸味、甘味など、チョコレートの味を感じる

チョコレートをしばらく口にとどめておくと、体温で自然に溶けていきます。厚めの板チョコレートなら数回軽く噛んで、**薄いチョコレートは噛まずにゆっくり溶かしましょう。**

口どけはどう感じますか？

つるつるとしてなめらかでしょうか、それともザラザラした感じがしますか？

口どけには、作り手の意図や技術が反映されています。

⑦嗅ぐ　：　口を閉じ、鼻から息を吸って吐き出し、鼻呼吸で香りを感じる

⑧聴く　：　口の中での音に耳を澄ます

「口から鼻へ」香りを抜くようにしましょう。口を閉じたまま鼻からゆっくり息を吸い、鼻から吐くことで、豊かな香りを感じ取ることができます。

ハミングするように呼吸する、と言えばわかりやすいでしょうか。

チョコレートの香りを、スパイスやナッツ、フルーツ、花など身近なものに例えると、特徴がより鮮明に浮かびあがります。そこに「味」を組み合わせて表現すると……。

「レモンのような香りとキリッとした酸味」「赤いベリーの香りと甘酸っぱさ」「グレープフルーツのようなほろ苦さ」「キャラメルの香りに包まれた甘み」というように、チョコレートの個性が言葉に置き換わります。

ナッツやライスパフ入りなら、噛むたびに弾ける音も、風味を引き立たせてくれることがわかります。

感想をメモしておくのも楽しい

チョコレートの名前とともに、味わった日付や購入場所、一緒にいた人、食べた場所や感想を記録しておくと、あとで発見があるかもしれません。

時間が経って、振り返るとわかることですが、チョコレートのメモは個人的な経験や感情だけでなく、時代の移り変わりも映し出します。私自身も、特定のチョコレートの思い出は、その時代の出来事や流行と結びついています。

ＳＮＳに投稿するのもいいでしょう。私たちは、昔と比べて記録を共有しやすくなりました。多くの人が同じ時代の思い出を作っています。振り返ったときに、みんなで多くの発見ができたら素晴らしいですね。

最後に、もう一つだけ大切なポイントをお伝えします。

「今食べたいチョコレートが、一番美味しいチョコレート」だということです。

自分の心の声に耳を傾け、今の自分のベストチョコレートを選びましょう。

「食べたい！」と私たちが心から感じて味わうチョコレートは、「それなら任せておいて！」とチョコレート側も張り切って、私たちに魅力を伝えてくれるような気がするのです。

美味しく食べるための「チョコレート保存法」

チョコレートを保存するときの注意事項を、最初にまとめます。

①賞味期限をチェック。複数あれば付箋《ふせん》を貼って管理する
②夏以外は常温で。夏はチャック付きのビニール袋に入れて冷蔵庫へ
③忘れないで食べる

賞味期限の確認は、とても重要です。

板チョコレートと手作りのボンボンショコラとでは、賞味期限が一年以上違うこともあります。特に、生クリームや果汁を使った水分の多いボンボンショコラは賞

味期限が短いので、注意してください。

また、地域にもよりますが、夏以外の季節ならば常温保存で問題ありません。チョコレートは気温が二五度を超えると、溶けはじめます。

保存する際は一八度以下を目安にしましょう。もちろん、冷蔵庫に入れておけば問題ありません。野菜室で保存する場合は、冷蔵庫よりも温度がやや高く、湿度も高めなので、なるべく早めに食べましょう。

それから、冷蔵庫では、匂いが移らないように注意してくださいね。

チョコレートをチャック付きのビニール袋に入れて、密封しておくとパーフェクト。私はラップでぴったり包んでから冷蔵庫に入れることもあります。これによって、湿気も防げるのです。

そして、冷蔵庫から出したら、**ゆっくり適温に戻してから味わってください。**

ボンボンショコラは一般的に、一八度ほどで味わうと美味しく感じられるように作られています。ただ、冷たいままカリッとした食感を楽しむのが好きな方もいると思いますので、ここはみなさんの好みに応じてどうぞ！

チョコレートが苦手なこと

「チョコレートの苦手なこと三選」を押さえておくと、保存方法を考えるうえで役立ちます。次の三つを覚えておきましょう。

①気温が高いところ
②極端な温度変化
③匂い

①については、もうみなさんご存じかと思います。②については、例えば暑い部屋から急に冷蔵庫に移し、その後再び室温に戻すと、表面に水滴ができたり白くなったりしてしまうこともお伝えしました（ブルーミング）。**大きな温度変化は、食感や風味を損なう原因になってしまう**のです。

③については、**チョコレートは周囲の匂いを吸収しやすい性質があります。**冷蔵庫の中のカレーやキムチだけでなく、チョコレートを保存する容器に残った匂いも簡単に移りますので、気をつけましょう。

チョコレートの苦手なことをもう一つあげるとしたら「湿度」です。

湿度が高い場所に置くと、チョコレートは**湿気を吸収し、味が劣化したりカビが発生したりする**恐れがあります。

そのため、ワインセラーや野菜室で保存するときは注意してくださいね。どちらも、湿度と温度が高めに設定されていますので、なるべく早く食べることと、密閉して保存することを心がけてください。私も以前、大きなワインセラーにチョコレートを入れて保存していましたが、湿度が高いために、箱も中身も湿気を帯びて、味を損なわせてしまったことがあります。

特にボンボンショコラはカビが発生しやすいので、保存するときは早めに食べることを前提にしましょう。また湿気を防ぐために、匂い移り防止対策でお伝えした、チャック付きのビニール袋に入れて密封することもおすすめします。

チョコレート商品のパンフレットなどに、最適な保存方法が記されていることがあります。これは、作り手が「美味しく楽しんでもらいたい」と願っているからこそのメッセージです。ぜひ参考にしてみてください。

冷蔵庫、大丈夫ですか？

そして、意外とありがちなのが、存在を忘れ去ってしまうことです。チョコレートを買ったり友人からもらったりして、その都度保存しているうちに、ときどき記憶から消え去ってしまうのです。

これが、笑えるようで意外とよく聞く話。「冷蔵庫の奥から、賞味期限切れになったチョコレートが発見されました（泣）」なんて報告を、ＳＮＳのフォロワーさんから何度か受けたことがあります。

今、みなさんの冷蔵庫、大丈夫ですか？

どうか、買っただけで満足せずに、チョコレートのことを忘れないであげてくださいね。

ちなみに、特にバレンタインシーズンなどは、気になるチョコレートを次々と買って保存すると「賞味期限との戦い」に持ち込まれることがあります。

特に二月一四日前後に、チョコ好きな方々とこの話題になります。バレンタインデーに自分用のご褒美チョコをたくさん買った友人は、付箋などを貼ってしっかり賞味期限を確認していました。なんとしても賞味期限内に、すべてのチョコレートを美味しく味わおうとしていたのです。幸せな戦い、ですね。

チョコレートは、豆腐かパンと心得る

保存方法をお話ししてきましたが、やっぱり私は、**できればチョコレートは早く食べると一番美味しい**気がします。

食べたいときが美味しいとき。「食べたい」から「食べる」までの時間が短けれ

ば短いほど、幸せになれる気がします。これは五歳の頃からチョコ好きで、今はチョコレートを仕事にまでしてしまった私の、経験に基づく感想です。

「チョコレートは、豆腐かパンと心得る」

私は特に、夏はそんな思いが強くなります。豆腐やパンは、一度にはたくさん買いませんよね？

チョコレートには賞味期限が長いものがありますが、豆腐のように賞味期限が短いものもあります。特に要冷蔵のボンボンショコラは、味わえる分だけを買って、早めに楽しむのが一番です。

夏こそ美味しいチョコレート

「チョコレートは、夏こそ美味しい！」

これは、私の持論です。

チョコレートといえば秋冬のイメージが強いかもしれませんが、私は夏にこそチョコレートを楽しんでいます。

あるショコラティエさんが、私に「夏こそ、腕の見せどころなんですよ」と話してくれました。**ショコラティエにとっても、夏はクリエーションに集中でき、手応えのある季節**のようです。

繁忙期ではないからこそ、より時間をかけて工夫されたチョコレートやドリンク、デザートに出会えることがあります。それは、夏だけのご馳走です。

私は、暑い日にチョコレート専門店に入る瞬間が好きです。ふぅ～、ひんやり。涼しい空気に包まれます。店内は、チョコレートのためにベストな温度管理がされていますからね。

朝のサロン（カフェスペース）も心地よいものです。クーラーが効いた空間で、熱々のホットチョコレートをオーダーするのも贅沢な時間（こたつでアイスクリームの逆パターン、といえるでしょうか？）。

朝のショーケースに整列するボンボンショコラのなかから、今日はどの一粒にしようかなと考えたり、ギフトを選ぶときにいつも以上に吟味できたり……。夏はお店が落ち着いている分、新しい発見も多くなります。

「夏チョコ」は真っ盛り

夏にこそ美味しい「夏チョコ」があります。

パッションフルーツやマンゴーなど、**旬のトロピカルフルーツを使ったガナッ**

シュ入りボンボンショコラ、そしてチョコレートのアイスクリームやパフェ、フローズンチョコレートドリンクも暑い夏の定番ですね。

チョコミントも人気があります。スーッとした清涼感は、夏にぴったり。コンビニやスーパーには、毎年夏になると多くのチョコミント系のアイテムが並びます。ペパーミントカラーは、夏に一段とフォトジェニックです。

いつも食べているチョコ菓子などを冷やして味わうのもおすすめです。例えば、私の夏の楽しみは、ロッテの「チョコパイ」を冷蔵庫で冷やすこと。表面のチョコがパリッとなります。冷蔵庫から出したばかりの冷たいチョコパイの包みを開けて食べるひとときは、真夏の癒やしです。

「あのドーナツ」を凍らせる!?

また、**ミスタードーナツの「チョコファッション」を冷凍庫で凍らせるのも大好**

きです。これは取材時に、ミスタードーナツの広報の方から教わった方法ですが、すっかり気に入ってしまいました。

私は高校生の頃から「チョコファッション」のファンで、変わらず今も好きですが、この方法を知ってからはチョコファッションを多めに買って、冷凍庫に入れておくようになりました。チョコファッションの生地は、常温だと時間とともにやわらかくなりますが、冷凍すると固まって食べ応えのある食感になります。

ラジオ番組でご一緒した有名なミュージシャンの方も「チョコレートは凍らせて食べるのが好きです」とおっしゃっていました。夏は、いつものチョコレートを冷やして味わうと、新たな発見に出会えるのかもしれません。

世界共通の「チョコレートの日」

夏に世界中の人がチョコレートを楽しんでいる日があることを、ご存じでしょうか？　**七月七日の「World Chocolate Day（ワールドチョコレートデー）」**です。

諸説あるようですが、二〇〇九年発祥とされるこの日には、世界各国の人々がチョコレートを楽しむ様子がＳＮＳに溢れます。

チョコレート店は「ワールドチョコレートデー」を祝う投稿や、おすすめ商品、夏のフェアの情報などを発信します。「#worldchocolateday」をＳＮＳで検索すると、チョコレートに関する世界中の投稿を次から次へと見ることができて、とても楽しいですよ。

もちろん、日本でも盛り上がっています。

六月末くらいから、**日本のチョコレートブランドも、ワールドチョコレートデー限定品の販売や、特別なセールを行なう**ので見逃せません。夏のチョコレートの楽しみ方の提案も発信されています。

本格的な夏チョコシーズンの始まりを告げる七月七日の「ワールドチョコレートデー」。多くの人が、夏にチョコレートを楽しむきっかけになっているようです。

チョコレートに合う飲み物とは？

マリアージュ、という言葉がよく聞かれるようになりました。

「マリアージュ」とはフランス語で「結婚」のことです。「チョコレートとのマリアージュ」といえば、「チョコレートと相性のいい、食べ物や飲み物の組み合わせ」を意味します。

チョコレートは、基本的にはそのままで美味しいように作られているので、私は何も合わせないことがほとんどですが、ときどきマリアージュによって新しい味に出会えると楽しいものです。

マリアージュと聞くと「難しそう」「自分とは無縁」と思う人も多いようですが、あまり構えないで気楽に考えてみてください。

「おまんじゅうはお茶と味わうと美味しい」と思ったことならありませんか？　これも立派なマリアージュ。「和菓子と日本茶のマリアージュ」です。「おでんと日本酒のマリアージュ」も身近なものでしょう。こんなノリで「今、手元にあるチョコレートと何かを合わせたら美味しいかも」と考えてみてください。

「相性がいい飲み物」のヒント

高価なワインや紅茶がなくても大丈夫。ここでは、マリアージュをもっと身近に感じられるようなヒントをいくつかご紹介します。

◆温かい飲み物と合わせる

チョコレートに合わせるドリンクは、まず温かいものを選んでみてください。チョコレートが口の中ですぐに溶けてくれるからです。

冷たいドリンクを合わせるなら、まずチョコレートをしっかり口の中で溶かし、その後にドリンクを口にしてください。冷やしたドリンクと同時では、チョコレートが固まって風味をうまく感じ取れません。

◆似た風味同士を合わせる（同調）

チョコレートとドリンクが似た風味なら、よいマリアージュが生まれやすいです。日本茶を使ったチョコレートとほうじ茶、レモン風味のチョコレートとレモンティー、ベルガモットが香るチョコレートとアールグレイティーなど。スパイスを効かせたチョコレートには、スパイシーなワインが合いそうですね。

◆強い味をマイルドにする組み合わせ

苦味のあるコーヒーには、ミルキーなホワイトチョコレートを、ビターチョコレートにはホットミルクを合わせてみましょう。

個性の強い味にマイルドなものを組み合わせると、バランスが取れて、最後までチョコレートの風味を美味しく楽しめます。

◆まったく別のもの同士を合わせてみる（対比）

少し上級編ですが、チョコレートとまったく異なる味わいのものを組み合わせると、風味を引き立て合ったり、お互いを補い合ったりすることがあります。「チョコミント」がそのいい例でしょうか。「意外だけどマッチした！」「私、これ好き！」と、発見する喜びがあるのがこの方法です。

◆同じ地域で生まれたものを合わせる

生まれ故郷が同じもの同士は、マリアージュしやすい気がします。

和の素材を使ったチョコレートは、日本茶や日本酒とよく合います。ヨーロッパの場合も同様で、同じ地域で生まれたお酒とチョコレートは、やはり自然な調和が生まれることが多いです。

共通の気候や風土、文化的背景が、風味に反映されているからなのでしょう。

それでは最後に、具体的な例として、私が実践したハイカカオチョコレートのマリアージュを紹介します。

①**深煎りコーヒー**とのマリアージュ

②トーストに広げて朝食に（ナイフで削ったチョコレートをトーストにのせ、**オリーブオイルを少しかける**）

③レンジで温めてチョコレートペーストにし、ナッツやドライフルーツにからめる。それを**フレーバーティーと合わせる**

④ドリンクメーカーか鍋で、ミルクに溶かしてホットチョコレートに。二杯目には、**シナモンをプラス**

「合うかも」「ちょっと違うかも」とやっているうちに「すごく合う！」と感じるマリアージュに出会うことができます。ぜひ、あなただけの組み合わせを、身近にある食べ物や飲み物で気軽に探してみてください。

じつは、料理との相性もバツグン！

カレーの隠し味に、チョコレートをひとかけら。きっと、経験がある方もいらっしゃるかと思います。チョコレートは、カカオ豆の苦味や酸味にミルクや砂糖が加わってできているので、カレーに豊かな風味と奥行きをもたらしてくれるのです。
世界を見渡すと、チョコレートは料理の「食材」でもあります。ここでは、私が味わったチョコレートを使った料理のお話をします。

二〇二四年八月、「市川歩美と行く！ カカオ一二〇％の旅」というメキシコツアーが実施されました。チョコレートやカカオを愛するみなさんとともに、カカオ農園やチョコレートにまつわる名所を巡り、メキシコの都市オアハカではチョコレートを使った伝統料理を学びました。

メキシコには「モレ」と呼ばれる料理ソースがあります。スペイン語で「すりつぶす」という意味がある「モレ」は、**さまざまな素材をすりつぶして作られるソースの総称で、そのなかにチョコレートが使われるものがある**のです。

メキシコ素材が強く香る「モレ」ソース

「チョコレートの街」であり「モレの街」として知られるオアハカには、「モレ・コロラディート（赤みがかったモレ）」と「モレ・ネグロ（黒のモレ）」というチョコレートを使った「モレ」があります。また、プエブラ州には「モレ・ポブラーノ」というチョコレートを使った料理ソースもあります。

そして私たちは、オアハカにある料理研究家の先生の自宅で、「モレ・コロラディート」の作り方を学びました。

使った食材は次の通りです。

チレ（地元の唐辛子《とうがらし》）三種類／トマト／バナナ／ゴマ／カシューナッツ
アーモンド／干しぶどう／プルーン／玉ねぎ／にんにく／パン
オレガノ（ハーブ）／タイム（ハーブ）／オアハカ産のチョコレート

こんなにたくさん⁉　ソースのために、チョコもバナナもパンも⁉　と現地で驚きましたが、すべてメキシコの市場では簡単に手に入るものばかりです。

メキシコ素材が力強く芳醇《ほうじゅん》に香る、栄養たっぷりの「モレ」ソース。**チョコレートの色だと思っていた茶色は、じつは地元の唐辛子「チレ」由来だった**ことも、作ってみてわかりました。最高に美味しかったですよ。

メキシコはカカオの生産地で、紀元前からカカオを味わいつづけている国です。チョコレートが身近で、日本よりも日常に溶け込んでいます。料理に入れるのは、ごく自然なことかもしれませんね。

メキシコのキッチンで、私はそう感じていました。

フィリピンの「チョコレート粥」

アジアのカカオ産地フィリピンに目を向けると、**「チャンポラード」と呼ばれるチョコレート入りのお粥《かゆ》**があります。「トゥヨ」と呼ばれる塩味の干し魚を添えて、一緒に味わうのが伝統的な食べ方です。

東京で開催されたフィリピンのチョコレート関連のイベントに出演したとき、特別に用意されたチャンポラードをいただいて、その意外すぎる組み合わせに魅了されました。フィリピンの家庭料理で、寒い時期には特に、体を温める一品として好まれているそうです。

もち米で作ったお粥に、地元産のチョコレートやココアパウダーなどを加え、最後にコンデンスミルクを加えます。干し魚との「甘しょっぱい対比」が絶妙で、忘れられない味わいでした。

フィリピンもカカオの生産国なので、伝統料理にチョコレートが深く溶け込んで、この国の文化となっています。いつかこの料理を味わうために、私もフィリピンを訪れるつもりです。

肉とのコラボも秀逸！

ある料理人の方から「チョコレートは肉との相性がいい」と聞いたことがあります。例えば、フランスでは**ジビエの臭みをマスキングするためにチョコレートが使われること**や、**チョコレートと赤ワインを合わせたソースを肉に合わせる**ことがあるようです。

さらに、アメリカではチョコレートとベーコンの組み合わせが、よく知られています。

私もアメリカで、板チョコレートにベーコンがトッピングされたものを味わったことがありますが、ベーコンの塩味とチョコレートの甘さがマッチしていて、とても気に入りました。

日本に目を向けると、私は**チョコレートと味噌は相性がよい**と感じています。特に、豆味噌です。

チョコレートはカカオ、豆味噌は大豆、いずれも豆からできています。そして、どちらも発酵食品です。

特に「八丁味噌」の濃厚な風味は、チョコレートによく合います。実際、すでに味噌とチョコレートを合わせたお菓子は、数多く販売されています。

みなさんも、発酵食品同士のマリアージュを試してみてください。

「ヴィーガン」「プラントベース」のチョコレートとは

「ヴィーガン」や「プラントベース」という言葉が、日本でも少しずつ知られてきました。同時に、ヴィーガンやプラントベースのチョコレートも、日本で販売されるようになってきています。

「ヴィーガン」とは、肉や魚、さらには卵や牛乳やハチミツといった動物由来の食品を一切摂取しないライフスタイルのことです。一方の「プラントベース」は、ヴィーガンほど厳格ではありませんが、植物由来の食材を積極的に取り入れた食品やライフスタイルのことを指します。

つまり「ヴィーガンチョコレート」とは、**動物性の原材料を完全に排除して作られているチョコレート**です。「製造工程でも動物性成分が入らないようにしなければばいけない」などの厳しい基準があり、ヴィーガン認証マークが付けられていることも多いです。

「プラントベースチョコレート」は、ヴィーガンほど厳密な基準や認証制度はありませんが、動物性のものを植物性に置き換えるなどして作られています。

一般的なチョコレートと何が違う?

主な特徴として、ヴィーガンやプラントベースのチョコレートには、一般的なチョコレートによく使用される**生クリームやバターが含まれていません。**その代わりに、豆乳、オーツミルク、ココナッツミルクなどの植物由来のミルクが用いられています。ボンボンショコラには、生クリームやバターが使われることも多いのですが、ヴィーガンやプラントベースのボンボンショコラには使われていません。

生クリームやバターが入ると、もちろんチョコレートは美味しくなります。しかし、それをあえて使用せず、どんな魅力的な味わいを生み出すか。そこがチョコレートメーカーやショコラティエの腕の見せどころです。これまでは使うのが当たり前だった生クリームやバターを入れずに、美味しいチョコレートを作ることは、メーカーやショコラティエにとって新しいチャレンジでもあるのです。

すっきりとした味わい

ヴィーガンやプラントベースのチョコレートは、すっきりした味わいが特徴的です。乳成分がないことによって、カカオやフルーツ、ナッツなど、チョコレートに使われている素材の風味がストレートに感じられます。

これらのチョコレートは、**乳製品にアレルギーを持つ人にとっても重要な存在として注目されています。**また、食の主義でなくても、これらのチョコレートを味わいたい、関心がある、という声もたくさん耳にします。

「カフェラテ」のミルクを豆乳やオーツミルクに替えられるように、チョコレートにも植物性のミルクを使った新しい種類が登場し、選択肢が広がりつつあります。

「チョコレートケーキ」にも、こんなに種類がある！

世界中で愛されているチョコレートケーキ。チョコレート店のみならず、洋菓子店でも欠かすことのできない定番の人気メニューです。技術の進歩により、新しいケーキが次々と登場する一方で、歴史ある有名なチョコレートケーキもあります。ぜひ、覚えておきましょう。

オペラ

オペラは、ビターチョコレートとコーヒーが香るフランス発祥のケーキです。

アーモンドパウダー入りの「ビスキュイ・ジョコンド」といわれる生地にコー

ヒー風味のシロップを染み込ませ、コーヒー風味のバタークリームを重ねています。
表面をチョコレートでコーティングし、金箔《きんぱく》をあしらっているのが特徴です。金のアポロン像がそびえ立つ、パリの「オペラ座」をイメージしたとされています。

フォレ・ノワール

フランス語で「黒い森」という意味のチョコレートケーキです。ドイツ発祥とされ、ドイツでは「シュヴァルツヴェルダー・キルシュトルテ（黒い森のさくらんぼのケーキ）」と呼ばれています。これは、ドイツ南西部の「シュヴァルツヴァルト（黒い森）」という地方の名に由来しているようです。

チョコレートのスポンジ生地にキルシュ（さくらんぼのブランデー）漬けのチェリーを散らした生クリームの層が重なる大人のケーキ。仕上げには、削っ

たチョコレートやチェリーをトッピングします。

ザッハトルテ

オーストリア発祥の有名なチョコレートケーキです。チョコレート生地と甘酸っぱいアプリコットジャム、表面の甘いチョコレート入りフォンダンのバランスがよく、本場では無糖のホイップクリームを添えて味わいます。

オーストリアの名門「ホテル・ザッハー」と老舗パティスリーの「デメル」が、「オリジナルのザッハトルテはどちらか」と商標をめぐって争った裁判**「甘い七年戦争」**は有名な話です。

結果、「ホテル・ザッハー」が勝訴。「ホテル・ザッハー」の「オリジナル・ザッハトルテ」には円形のチョコレートが、老舗パティスリーの「デメル」が作るザッハトルテには三角形のチョコレートが飾られるようになりました。

フォンダンショコラ

一九八〇年代にフランスで生まれたとされる、中からとろ〜りとチョコレートソースが溢れ出すケーキです。「フォンダン」は、フランス語で「溶ける」という意味があります。

外側はしっかり焼かれていて、内側はやわらかくなっています。**カットするとクリーム状のチョコレートがソースのように流れ出すタイプもあります。**温かいフォンダンショコラにアイスクリームを添え、温かさと冷たさのコントラストを楽しむスタイルが人気です。

ガトーショコラ

ガトーショコラは、フランス語で「チョコレートケーキ」という意味。**主に**

チョコレート、バター、卵、小麦粉を使ったフランスの伝統的なケーキです。丸型に焼いて、粉糖をふりかけるものが一般的ですが、今はお店によってスタイルがかなり異なります。濃厚でどっしりとした、長方形のガトーショコラも人気。チョコレートが主役のシンプルなケーキです。

ブラウニー

ブラウニーは、アメリカ発祥のチョコレートケーキです。ガトーショコラは丸く焼かれることが多いのに対し、ブラウニーは四角形。平たく正方形に焼かれるのが一般的です。

ブラウニーに最もよく使われるナッツは、クルミです。生地にはクルミやチョコチップが混ぜられていて、カジュアルに味わえるのが魅力的。家庭で簡単に作れるため、アメリカで広く親しまれています。

覚えておくと便利な「チョコレートの規格」

チョコレートのパッケージに「チョコレート」や「準チョコレート」などと書いてあるのを、見たことがありますか？

チョコレート商品のパッケージには、**「チョコレート」「準チョコレート」「チョコレート菓子」「準チョコレート菓子」**などと明記されています。

チョコレート生地の種類

この四つの分類に触れる前に、商品に使うベースとなるチョコレート、つまり「チョコレート生地」の種類についてお話しします。

チョコレート生地は、いくつかの種類に分けられる

区分／成分	チョコレート生地		準チョコレート生地	
	基本タイプ	ミルクチョコレート生地	基本タイプ	準ミルクチョコレート生地
カカオ分（※1）	35%以上	21%以上	15%以上	7%以上
（うちカカオバター）	（18%以上）	（18%以上）	（3%以上）	（3%以上）
総脂肪分（※2）	—	—	18%以上	18%以上
乳固形分	任意	14%以上	任意	12.5%以上
（うち乳脂肪）	任意	（3%以上）	任意	（2%以上）
水分	3%以下	3%以下	3%以下	3%以下

（※1）カカオ分とは、カカオニブ、カカオマス、カカオバター、ココアケーキ及びココアパウダーの水分を除いた合計量をいう。（※2）脂肪分には、カカオバターと乳脂肪を含みます。

参考：全国チョコレート業公正取引協議会HP（https://www.chocokoutori.org/cont3/13.html）

「チョコレート生地」はいくつかの種類に分けられますので、一部を記しておきます。

・チョコレート生地（基本タイプ）

↓カカオ分三五％以上、カカオバター一八％以上

・ミルクチョコレート生地

↓カカオ分二一％以上、カカオバター一八％以上、乳固形分一四％以上

・準チョコレート生地（基本タイプ）

↓カカオ分一五％以上、カカオバター三％以上

・準ミルクチョコレート生地

↓カカオ分七％以上、カカオバター三％以上、乳固形分一二・五％以上

「準チョコレート」はカカオ分が少ない

この「チョコレート生地」の種類を踏まえたうえで、前述の四つの分類について説明しましょう。日本のチョコレート類は、全国チョコレート業公正取引協議会の「チョコレート類の表示に関する公正競争規約及び施行規則」によって、分類や基準が定められています。

規約のなかの「種類別名称」を中心に、一部をピックアップして解説します。

◆チョコレート

条件：チョコレート生地のみで作られているか、全体の六〇％以上をチョコレート生地が占める。

特徴：使われているのがチョコレート生地であればカカオ分は三五％以上、ミルクチョコレート生地であればカカオ分は二一％以上。

↓要するに、チョコレート生地だけで作られた板チョコのようなもの、または全体の六割以上がチョコレート生地でできたものです。

◆**チョコレート菓子**

条件：チョコレート生地が全体の六〇％未満。

特徴：使われているのがチョコレート生地であればカカオ分は三五％以上、ミルクチョコレート生地であればカカオ分は二一％以上。

↓使われているチョコレート生地が全体の六割未満なので、「チョコレート」よりも使われているチョコレート量が少なめです。

◆**準チョコレート**

条件：準チョコレート生地のみで作られているか、全体の六〇％以上を準チョコレート生地が占める。

特徴：使われているのが準チョコレート生地であればカカオ分が一五％以上、

準ミルクチョコレート生地であればカカオ分は七%以上。
↓要するに、準チョコレート生地だけで作られた板チョコのようなもの、または六割以上が準チョコレート生地でできたものです。「チョコレート」よりもカカオ分が少ないです。

◆準チョコレート菓子

条件：準チョコレート生地が全体の六〇%未満。
特徴：使われているのが準チョコレート生地であればカカオ分が一五%以上、準ミルクチョコレート生地であればカカオ分は七%以上。
↓使われている準チョコレート生地が全体の六割未満なので、「チョコレート菓子」よりもカカオ分が少ないことが特徴です。

もっと簡潔にまとめると、**「チョコレート菓子」よりも「チョコレート」のほうが、チョコレートが使われている量（割合）が多く、「準チョコレート」よりも「チョコレート」のほうが、カカオ分が多い**ということになります。

“菓子”はチョコレート量、“準”はカカオ分、と覚えよう！

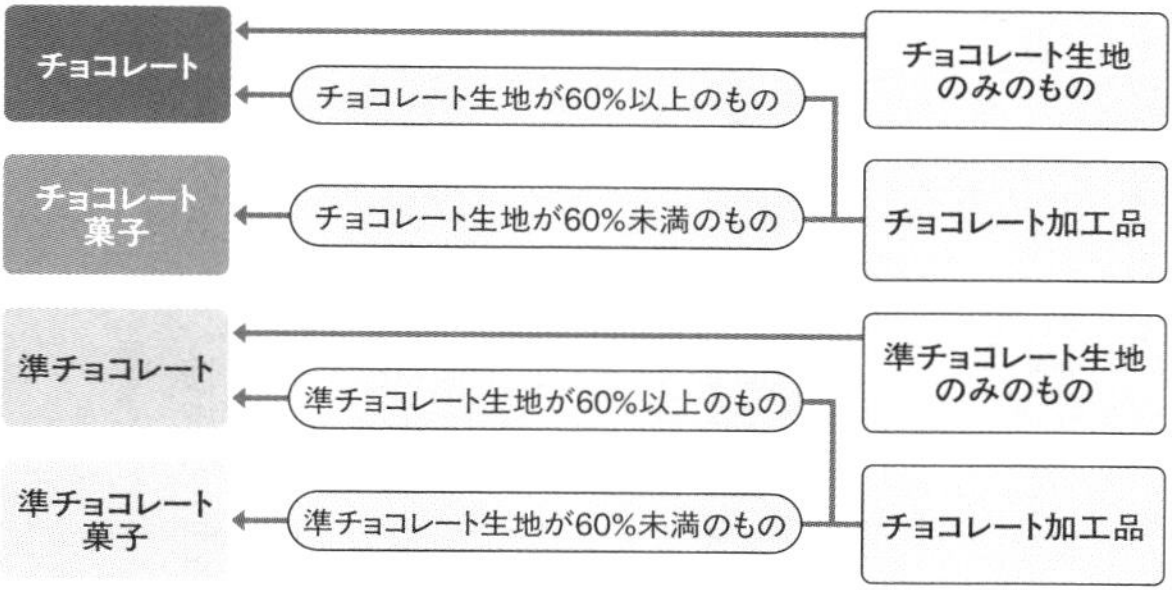

参考：全国チョコレート業公正取引協議会HP（https://www.chocokoutori.org/cont3/13.html）

そのため、「準チョコレート」よりも「チョコレート」のほうが、しっかりとカカオの風味を感じることができるのです。

この分類は「商品にどんなチョコレートがどのくらい使われているか」を消費者に伝えるための目安になります。

「純チョコレート」について

また、「チョコレート」のなかにも「純チョコレート（ピュアチョコレート）」と呼ばれるものがあります。

これは、チョコレート生地だけで作られた商品のことですが、ほかにも次の基準を満たさなくてはなりません。

カカオの成分　：　使用するカカオ成分は、カカオバターとカカオマスのみ
脂肪分　：　脂肪分はカカオバターと乳脂肪のみ
糖類　：　ショ糖（砂糖）のみを使用し、使用量は全重量の五五％以下
乳化剤　：　乳化剤はレシチンのみ使用可（全重量の〇・五％以下）
香料・添加物　：　レシチンとバニラ系香料以外の添加物は使用不可

「純チョコレート」の主な特徴は、**植物性油脂を使っていないことと、香料はバニラ系のみが使われていること**です。

少しでも表示規格のことを知ると、いつも味わっているチョコレートをより理解するきっかけになるのではないでしょうか。

自分に合ったチョコレートの見つけ方

チョコレートジャーナリストという仕事柄「どのチョコレートがおすすめですか？」と、よく尋ねられます。

本書の最後に、自分に合ったチョコレートの見つけ方のヒントや考え方を、私の経験をもとにお伝えすることにします。

①見て惹かれるチョコレートを選ぶ

見た目の美しさに惹かれたら、好みに合う確率が高い気がします。

まずは、チョコレートを見て「きれいで美味しそう」と感じるかどうかをチェックしてみてください。チョコレートは繊細で、よく見ると細部にこそ、作り手の美意識や技術が光っています。

パッケージにも、ブランドの価値観や世界観が表れていることがあります。

チョコレートは五感で楽しむものだからこそ、感覚的な共鳴は非常に大切です。

②スマホを捨てて、町へ出よう

スマホで情報を集めるのは、とても便利ですよね。でも、やっぱり実際に外に出て、自分の目で見つけたチョコレートには特別な魅力があります。その感動は、画面越しに情報収集したものとはまったく違います。

ネットやSNSはたしかに多くの情報を提供してくれますが、今は広告用の情報も溢れているので、気がつくと受け取る情報が偏ってしまう可能性があります。話題性に惹かれて買い物をしても、話題を追いかけただけで、チョコレートのことをあまりよくわかっていなかった、なんてことにもなりかねません。

ときにはスマホから目を離して、街へ出てみましょう。きっと、新しい出会いがあります。素敵なチョコレートが、あなたを待っていると思いますよ。

③直営店へ行こう

チョコレートブランドの本店や直営店に足を運んでみましょう。チョコレートの味だけでなく、ブランドの世界観や、シェフやオーナーが伝えたいメッセージを最も強く感じられる場所です。

店内の雰囲気、ディスプレイ、接客スタイルなど、細部にそのブランドの特徴が表れています。私は、お店で個性的で魅力的なシェフやスタッフの方にお会いすると、いろいろ質問をしておしゃべりしています（もちろん、業務の妨げにならないよう気をつけながら）。

百貨店などのバレンタインイベントや各地のポップアップショップは、多くのブランドに出会えるきっかけになります。ブランドを知ったら、それを機に直営店や本店に足を延ばしてみてください。インテリアやディスプレイ、そしてお店のある立地などのすべてが、そのブランドの物語を紡いでいます。

④あなたが好きなら、それが一番

誰がなんと言おうと、あなたが好きならそれがナンバーワン！　好きなアーティストや音楽が友達と違うように、チョコレートの好みも千差万別です。もちろん海外のコンクールで評価されるようなチョコレートは、素晴らしいと思います。しかし、海外の審査員のバックグラウンドや評価基準は、あなたとまったく異なるはずです。

毎年のようにフランスで取材していると、現地の多くの人が「私はこれは好みではない！　でも、これとこれは好き！」と、自分の意見をしっかり持っていることに気づきます。「誰がどうであれ、自分はこれが好き」という感覚を大切にすると、好みが明確になってチョコレートにも出会いやすくなると思います。

チョコレートが五歳の頃から私の人生を豊かに彩ってくれたように、チョコレートがみなさんの日々を、一層輝かせてくれることを心から願っています。

Column

私の推しチョコ
板チョコレート編

食・素材・味のプロフェッショナルが「理想とする美味」を目指して作ったチョコレートバー（板チョコレート）があります。最後に、カカオの品質から徹底して「味」にこだわったプレミアムなチョコレートを紹介します。

ル・ショコラ・アラン・デュカス

フランス料理界の巨匠「アラン・デュカス」が手がけるチョコレート専門店です。2013年にパリのバスティーユに第1号店がオープンし、2018年には東京にもチョコレート工房を併設した店舗ができました。

選び抜かれた各国のカカオ豆を使用したタブレットはどれもおすすめです。ランダムなサイズに割れるタブレットはデザイン性と機能性を兼ね備え、風味を損なわない密閉タイプのパッケージに入っています。この画期的なデザインは、このブランドが初めて作ったもの。美しさと美味が両立したチョコレートです。

カカオハンターズ

「カカオハンターズ」は、カカオハンター®の小《お》方《がた》真《ま》弓《ゆみ》さんが、2013年にコロンビアで立ち上げたブランドです。良質なカカオを見つけ出し、カカオ農家と協力しながら高品質なチョコレートを作っています。コロンビアの地域別カカオを使ったチョコレートは、いずれも素晴らしい風味。キャラメルのような風味が広がるミルクチョコレート「トゥマコ・レチェ53%」、マスカットやレモングラスのような香りが光る「エアルーム アルアコ 72%」は、初めての方にもおすすめしたい私のお気に入りです。

いかがでしたか？
私はチョコレートジャーナリストとして、
幼い頃から筋金入りのチョコレート好きですし、
チョコレートを味わわない日はありませんから、
このまま「推し」チョコレートを紹介しつづけると、
ページがいくらあっても足りなさそうです。

つづきは、また別の機会に！
あらゆるメディアで、私が自信を持って「これはおすすめ！」と
感じるチョコレートを随時紹介していますので、
ぜひチェックしてみてくださいね。

本書は、本文庫のために書き下ろされたものです。

知的生きかた文庫

味《あじ》わい深《ぶか》くてためになる
教養《きょうよう》としてのチョコレート

著　者　市川歩美（いちかわ・あゆみ）
発行者　押鐘太陽
発行所　株式会社三笠書房
〒102-0072 東京都千代田区飯田橋3-3-1
https://www.mikasashobo.co.jp
印　刷　誠宏印刷
製　本　若林製本工場

ISBN978-4-8379-8905-9 C0130

本書へのご意見やご感想、お問い合わせは、QR コード、
または下記 URL より弊社公式ウェブサイトまでお寄せください。
https://www.mikasashobo.co.jp/c/inquiry/index.html

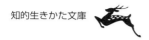

知的生きかた文庫

アンチエイジングは習慣が9割
米井嘉一
健康で若々しい人とどんどん老けていく人は何が違う？　筋肉・血管・脳・ホルモン・骨を若返らせ、老化の最大の敵「糖化」を防ぐ、医学的に正しい「アンチエイジング」の方法。

疲れない体をつくる免疫力
安保　徹
免疫学の世界的権威・安保徹先生が、「疲れない体」をつくる生活習慣をわかりやすく解説。ちょっとした工夫で、免疫力が高まり、「病気にならない体」が手に入る！

疲れない脳をつくる生活習慣
石川善樹
グーグルも注目！　疲れない／だらけない／怒らない毎日を過ごすための次世代メンタルトレーニング「マインドフルネス」。驚くほど仕事や日常のパフォーマンスが改善する!!

いつもの食材が「漢方」になる食べ方
櫻井大典
薬に頼らず、毎日の食事で心と体をととのえる！　不眠にレタス、花粉症にごぼう、足がつるなら卵料理……SNSで大反響の人気漢方家による、ゆる養生のススメ！

自分を大事に、ゆっくり生きるゆるゆる漢方生活
櫻井大典
人気漢方家が教える、心と体が丈夫になるコツ！「10分でも早く寝る」「1食抜くのすすめ」など、すぐできるかんたん養生習慣を紹介。症状別・不調の整えかたも収録！

C50489

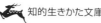